安徽省高等学校“十三五”省级规划教材

高等学校规划教材·应用型本科电子信息系列

电子设计CAD教程

——Altium Designer 2020快速入门

主　编　王冠凌　孙驷洲　娄　柯

副主编　邱意敏　查君君　郭欣欣

图书在版编目(CIP)数据

电子设计CAD教程:Altium Designer 2020快速入门/王冠凌,孙驷洲,娄柯主编. —合肥:安徽大学出版社,2021.8(2023.3重印)

高等学校规划教材. 应用型本科电子信息系列

ISBN 978-7-5664-2229-3

Ⅰ.①电… Ⅱ.①王… ②孙… ③娄… Ⅲ.①印刷电路—计算机辅助设计—应用软件—高等学校—教材 Ⅳ.①TN410.2

中国版本图书馆CIP数据核字(2021)第112612号

电子设计CAD教程

——Altium Designer 2020快速入门　　**王冠凌　孙驷洲　娄柯　主编**

出版发行: 北京师范大学出版集团
安 徽 大 学 出 版 社
(安徽省合肥市肥西路3号 邮编230039)
www.bnupg.com
www.ahupress.com.cn

印　　刷: 安徽省人民印刷有限公司
经　　销: 全国新华书店
开　　本: 787 mm×1092 mm　1/16
印　　张: 7.25
字　　数: 208千字
版　　次: 2021年8月第1版
印　　次: 2023年3月第2次印刷
定　　价: 26.00元

ISBN 978-7-5664-2229-3

策划编辑: 刘中飞　张明举　　**装帧设计:** 李　军
责任编辑: 张明举　　**美术编辑:** 李　军
责任校对: 宋　夏　　**责任印制:** 赵明炎

随着电子技术的发展和进步，各类新型元器件层出不穷，电子线路变得越来越复杂，利用计算机进行电子线路设计已经成为了电子信息类从业人员必备的基本技能之一。作为电子设计 CAD 中使用较为广泛的辅助工具，Altium Designer 软件具有功能强大、界面友好和操作简便等优点，但初学者若想要熟练地应用此软件设计出结构布局合理的电路，还是有较大难度的，所以导致某些初学者在学习时望而止步。

为了帮助初学者熟练地掌握 Altium Designer 应用技巧，奠定初学者掌握电路设计的基本技能和职业素养的基础，本书以 Altium Designer 2020 软件为平台，介绍了利用 Altium Designer 软件进行电路设计的基本方法和操作技巧。全书共 6 章，分别为 Altium Designer 原理图设计、层次原理图设计、原理图元器件库设计、电子线路板 PCB 设计、PCB 元器件封装设计和综合实训，各章节既相互独立又相互关联。全书内容由浅入深，从易到难，以初学者在利用 Altium Designer 进行电路设计的常用功能为主要介绍对象，以此舒缓初学者的畏难与消极情绪。此外，读者可通过每个章节后续的自测项目及时对所学知识查漏补缺。

本书由王冠凌、孙驷洲、娄柯担任主编，邱意敏、查君君、郭欣欣担任副主编。第 1 章由王冠凌、孙驷洲、邱意敏共同编写，第 2 章由王冠凌、娄柯、查君君共同编写，第 3 章由王冠凌、孙驷洲、郭欣欣共同编写，第 4 章由王冠凌、孙驷洲、娄柯共同编写，第 5 章由王冠凌、孙驷洲共同编写，第 6 章由王冠凌、娄柯共同编写。由王冠凌负责全书统稿和定稿。

在本书编辑与出版过程中，得到了安徽大学出版社和其他相关高校的大力支持和帮助，在此表示由衷的谢意！

由于编者水平有限，书中不当之处在所难免，恳请广大读者批评指正。

编 者

2021 年 4 月

前言

Foreword

原理图设计

Altium Designer 2020 作为一款功能强大的电路设计软件，具有界面友好和操作简便等优点，已成为运用范围最广泛的 EDA 软件。Altium Designer 2020 包括电路原理图设计、印制电路板(PCB)设计、电路原理图仿真测试及自动布线器和 FPGA/CPLD 设计等。

Altium Designer 2020 元器件库具有丰富的元器件的原理图符号、PCB 元器件封装及 Spice 仿真模型，通过调用原理图符号和 PCB 封装符号可进行设计原理图和 PCB 板，通过设计规则设置可对电路原理图设计电气规则检查 ERC 和 PCB 设计规则检查 DRC。

此外，Altium Designer 2020 能够提供强大的电路原理图仿真功能，能够对电路原理图的有效性进行检查；支持 FPGA 设计，使用原理图编辑器可作为 FPGA 的设计输入，实现原理图和 VHDL 混合输入；Altium Designer 2020 软件还提供了强大的 VHDL 仿真和综合功能。

原理图设计是电路设计的第一步，是 PCB 制板、电路仿真等后续工作的基础，其正确与否直接关系到整个电路设计工程能否成功。要求学生熟悉 Altium Designer 运行环境与界面的组成，掌握菜单、工具栏、命令行、状态栏、图形窗口、工具窗口等功能的应用，其中，菜单和工具栏可直接选择命令或设置一些属性参数等；命令行可输入命令和显示命令提示；状态栏显示提示信息、设置选项；图形窗口显示和编辑图形。

1.1 电路原理图设计一般步骤

一个产品的电路线路板设计制作过程主要分为以下步骤：

(1)电路原理图设计；

(2)电路图元器件添加封装；

(3)生产原理图的网络表；

(4)将网络表中元器件导入印刷电路板中；

(5)印刷电路板设计；

(6)信号完整性分析；

(7)生产钻孔文件等。

原理图设计首先根据电路的复杂程度设置图纸大小,从元器件库里取出元器件并规划元器件在图纸上的位置,然后对元器件进行连线及调整元器件位置,最后保存文档和打印图纸。

原理图设计的一般步骤:首先,根据电路的复杂程度设置图纸大小;其次,从元器件库里取出元器件并规划元器件在图纸上的位置;最后,调整元器件位置并连线,保存文档和打印图纸,如图 1.1 所示。

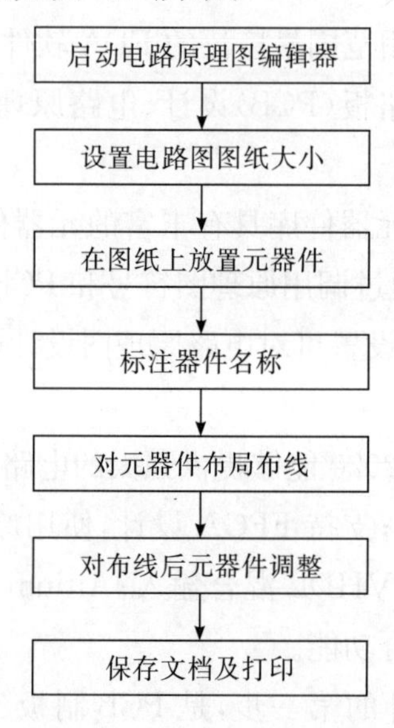

图 1.1　原理图设计的步骤

1.2　创建 PCB 项目及原理图文件

Altium Desiger 2020 版的设计是以项目为单位,一般 PCB 设计项目包含原理图文件、PCB 文件、原理图库和元器件封装库文件。

1.2.1　创建 PCB 项目

单击菜单栏中的“File→New→Project” 命令,在 Project templates 点击“default”,PCB 默认值为 7×4. 8inches,点击“create”创建 PCB 工程,系统自动地创建一个默认名为“PCB−Project_1. PrjPcb”的工程。

此外,右键点击左侧界面中“Project Group1. DsnWrk”,选择 “添加新的工程”也可以创建新的项目工程。

1.2.2　创建原理图文件

单击菜单栏中的“File→New→Schematic”命令,在 PCB 工程中添加原理图文件，系统自动地创建一个默认名为“sheet1. SchDoc”的空白原理图文件，同时打开原理图的编辑环境。

右键点击“PCB－Project_1. PrjPcb”选择“Save as”，选择路径保存到想要存储的地方并命名，同样方法对原理图文件和PCB文件进行保存并命名，得到PCB工程结构图如图1.2所示。

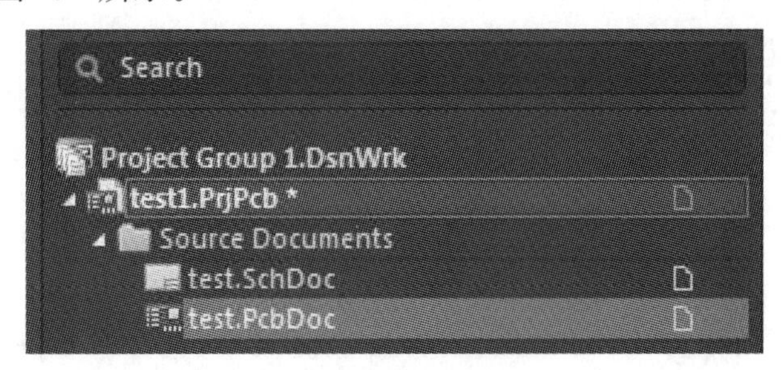

图1.2　PCB工程结构

或者，右键点击“test1. PrjPcb”，选择 “添加新的到工程”中“原理图文件”也能生成原理图文件。并按照上述方法保存和命名。

1.3　原理图编辑界面

原理图编辑界面主要包含菜单栏、工具栏、绘制工具栏、面板栏和编辑工作区等，如图1.3所示。

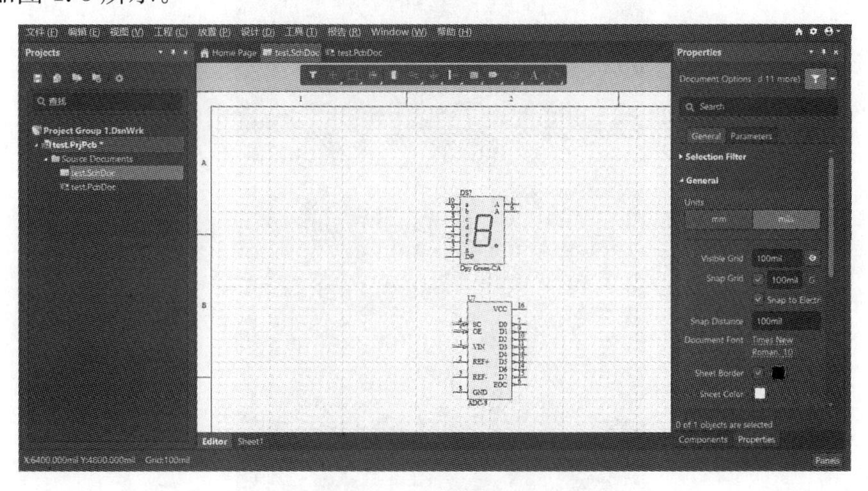

图1.3　原理图编辑界面

菜单栏中的选项介绍如下。

(1)文件：主要用于完成对各种文件的新建、打开、保存等操作；

(2)编辑：用于完成各种编辑操作，包括撤销、复制、粘贴、查找、元器件对齐等操作；

(3)视图：用于视图操作，包括窗口的放大、缩小，工具栏的打开和关闭，栅格的设置及局部放大显示等操作；

(4)工程:用于对工程的各类编译、添加及移除操作；

(5)放置:用于放置总线、总线入口、导线及非电气对象等操作；

(6)设计:用于更新 PCB 文件、生成原理图库、生成集成库等操作；

(7)工具:用于上下层、参数管理器、从库更新及原理图优先项等操作；

(8)报告:为原理图提供检查报告等操作；

(9)Window:改变窗口的显示方式,可以切换窗口的双屏或多屏显示等操作。

1.4 图纸属性设置

在界面右下角单击“Panels”按钮,弹出快捷菜单,选择“Properties(属性)”命令,点击原理图纸,打开图纸的 Properties(属性),并自动固定在右侧边界上,或执行工具栏中“视图”→“面板”→“Properties(属性)”,如图 1.4 所示。

图 1.4 Properties(属性)面板

(1)search(搜索)功能选项:允许在面板中搜索所需的条目;

(2)设置过滤的对象:在"Properties(属性)"面板的"Section Filter"点击 All objects,表示选择所有类别的对象,如图 1.5 所示;也可以单独选择其中的任何一项;

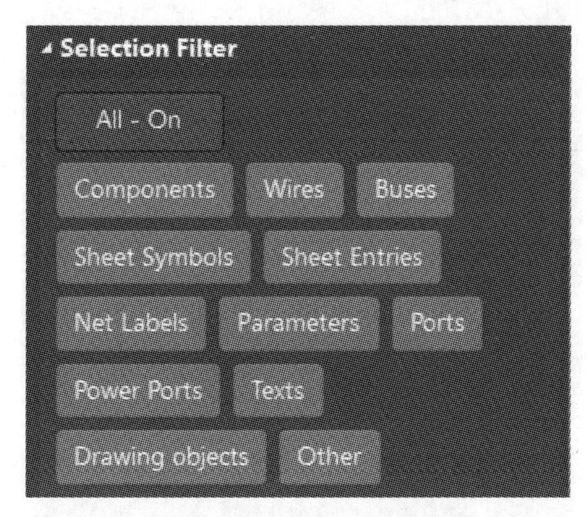

图 1.5　对象选择过滤器

(3)点击"General",①设置"Units(单位)"mm 或 mil;②设置"Visible Grid"可视网格的尺寸;③设置"Snap Grid"光标捕捉的尺寸;④设置"Document Font"原理图中字体的字体及大小,点击"Times New Roman,10"选择字体和大小;⑤设置"Sheet Border"图纸边框的颜色;⑥设置"Sheet Color"图纸的颜色;

(4)点击"Page Options"的"Formating and Size(格式和尺寸)"选择图纸的尺寸的设置区域。Altium Designer 2020 版给出了 Template 模板、Standard 标准模板和自定义模板三种设置方式。如可以在 Template 模板中选择 A4 图纸等;

注意:在设置图纸的栅格尺寸时,捕捉栅格尺寸和可视栅格尺寸一样大,也可以设置捕捉栅格的尺寸为可视栅格尺寸的整数倍。电气栅格的尺寸应该略小于捕捉栅格的尺寸,因为这样才能准确地捕捉电气接点。

1.5　添加原理图库文件

Altium Designer 2020 为用户提供了大量的元器件库,用户在绘制原理图时,将相应的元器件库中的元器件放置到原理图编辑区域进行连线,所以,绘制原理图之前需要掌握元器件的加载、卸载方法及如何在库中查找自己需要的元器件的方法。

1.5.1　打开 Components(元器件)选项区域

在界面右下角单击"Panels"按钮,弹出快捷菜单,选择"Components(元器件)”命令,出现元器件的界面,并自动固定在右侧边界上,如图 1.6 所示。Altium Designer 自带常用原理图元器件库为“Miscellaneous Devices. IntLib(通用元器件)”和“Miscellaneous Connector. IntLib(通用插件)”。

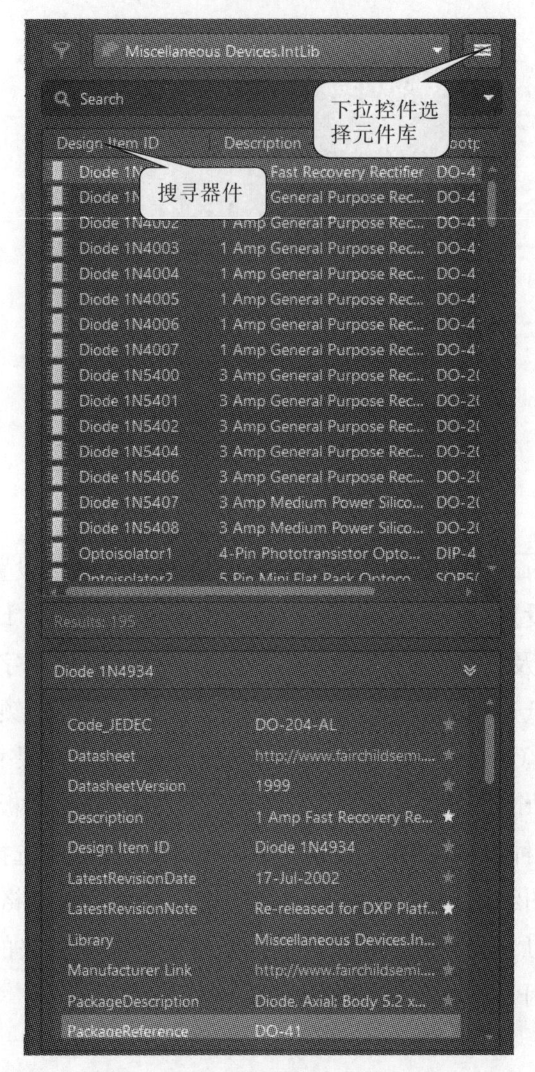

图 1.6 Components(元器件)面板

在“Components(元器件)”面板中,可以完成元器件的查找、元器件的添加和卸载等功能。

(1)在“Components(元器件)”面板 [Search] 中填写查找元器件的名称,在“Miscellaneous Devices. IntLib(通用元器件)”和“Miscellaneous Connector. IntLib(通用插件)”文件中搜寻器件。元器件库文件中存在元器件时,在“Design Item ID Description”下面区域里显示所寻找的元器件;当元器件库中没有相应的元器件时,不显示元器件的属性;

(2)在“Design Item ID Description”里选中器件“Diode 1N4934”;

“Components(元器件)”面板显示 Diode 1N4934 器件的“Description”“Library”“PackageDescription”“Pin count”等;在“Models”中,显示 Diode 1N4934 的原理图形状和 PCB 元器件的形状,如图 1.7 所示。

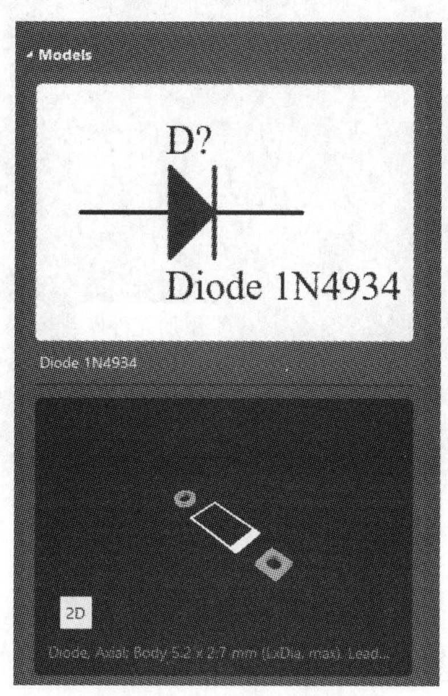

图 1.7　Model(模型)面板

1.5.2　添加元器件库

由于加载元器件库要占用系统内存,所以当用户加载的元器件库过多,就会占用过多的系统内存,影响程序的运行,因此,建议用户只加载当前需要的元器件库。

点击“Components(元器件)”面板中 ▤ 选择“File－based Libraries Preferences(可用的基于文件的库)”实现添加或删除原理图元器件库功能,如图 1.8 所示。

在图 1.8 对话框中有 3 个选项:工程(Project)、已安装(Installed)和搜索路径(Library Path Relative to)。点击“工程(Project)”中“安装”选项,打开文件夹对话框,选择需要编辑的原理图库文件到当前的项目中,可以对元器件库文件中的元器件进行编辑、添加和删除等操作;选中“工程(Project)”中原理图库文件,点击“删除”按钮删除所选中的原理图库文件。

点击“已安装(Installed)”中“安装”选项,打开文件夹对话框,选择需要调用的原理图库文件,绘制原理图时调用原理图库中所需要的元器件。选中“已安装(Installed)”中原理图库文件,点击“删除”按钮删除所选中的原理图库文件。

图 1.8　添加和卸载元器件库对话框

1.6　图纸中放置元器件及属性编辑

1.6.1　在图纸中放置器件

步骤1:打开原理图文件,并添加 Altium Designer 软件系统中 Miscellaneous Devices. IntLib(通用元器件)和 Miscellaneous Connector. IntLib(通用插件)元器件库;

步骤2:从 Miscellaneous Devices. IntLib(通用元器件)或 Miscellaneous Connector. IntLib(通用插件)中选择需要的元器件,左键按住库中选择的元器件拖入到原理图中,这种方法每次只能放置一个元器件;

或者左键双击需要的元器件后,在原理图中光标将变成十字光标,在原理图中适当位置,按一次左键确定放置一个器件,移动光标后系统仍处于放置元器件状态,按右键一次或者 EPS 就取消放置器件的功能;

步骤3:在"Components"面板的"Models"中浏览元器件的形状和封装形状,选择所需要的元器件;

步骤4:从元器件库中选择一些元器件并放置在合适的位置后,调整器件的位置和方向。

1.6.2　元器件属性编辑及库文件添加

从"Miscellaneous Devices. IntLib(通用元器件)"库里选择元器件"Diode 1N4934",左键点击"Diode 1N4934"器件后,该器件的属性"Properties"就出现在

Altium Designer 的右边,如图 1.9 所示。

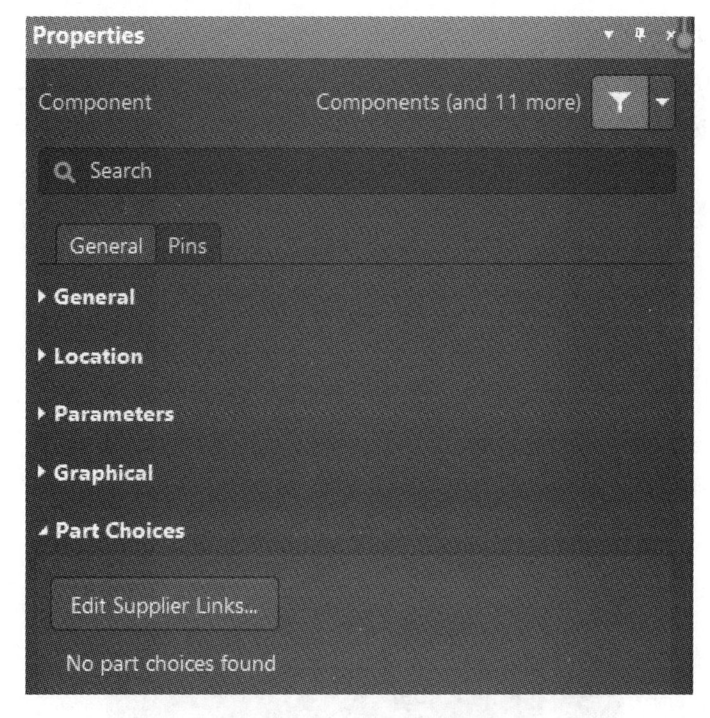

图 1.9　元器件的属性界面

点击"元器件的属性界面"中"General",设置"Designator"后 D?,元器件的"Designator"与其他元器件的"Designator"不能重复,相当于身份证号不能重复,否则告警;"Comment"中内容为器件的特性,如二极管的型号等参数;"Part"为元器件的子图序号;"Description"为器件特性描述;"Type"为器件类型,如 Standard、Mechanic 和 Graphical 等;"Design Item ID"为"Diode 1N4934"在元器件库中名称,如图 1.10 所示。

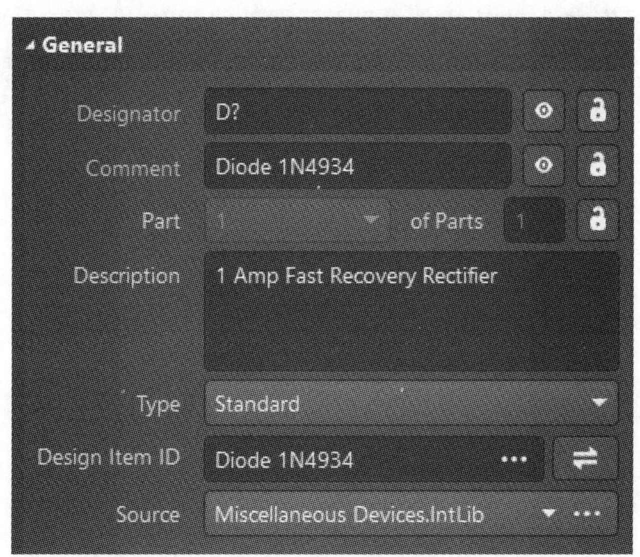

图 1.10　元器件的 General 设置界面

点击“元器件的属性界面”中“Location”，显示 Diode 1N4934 在原理图中横坐标和纵坐标的参数值。

点击“元器件的属性界面”中“Parameter”，显示 Diode 1N4934 在原理图中横坐标和纵坐标的参数值，如图 1.11 所示。

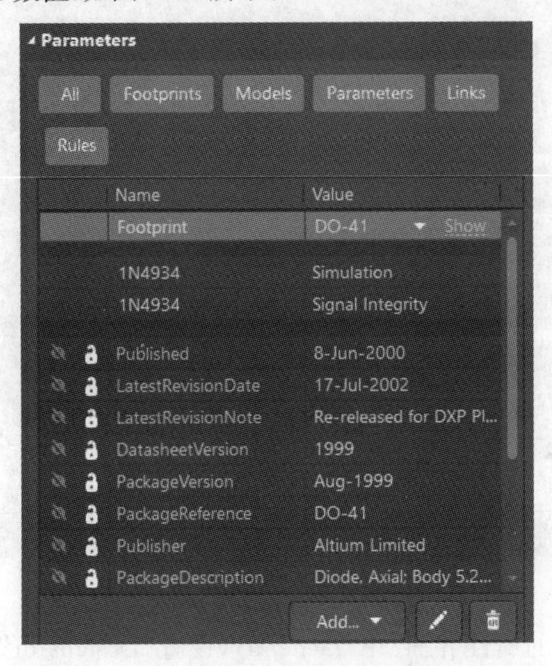

图 1.11　元器件的 Parameter 设置界面

点击“元器件的 Parameter 设置界面”中的 Add 键，选择“Footprint”显示“封装模型界面”，在“封装模型界面”中点击“浏览”，显示 FootPrint 元器件封装浏览界面，如图 1.12 所示。

在“FootPrint 元器件封装浏览界面”点击“库”的下拉，选择已经安装的元器件封装库中选择库文件；在库文件中显示元器件的名称、描述和所在库文件名称，以及元器件的 2D 图像，根据实际元器件的尺寸选择相应的器件封装名称。

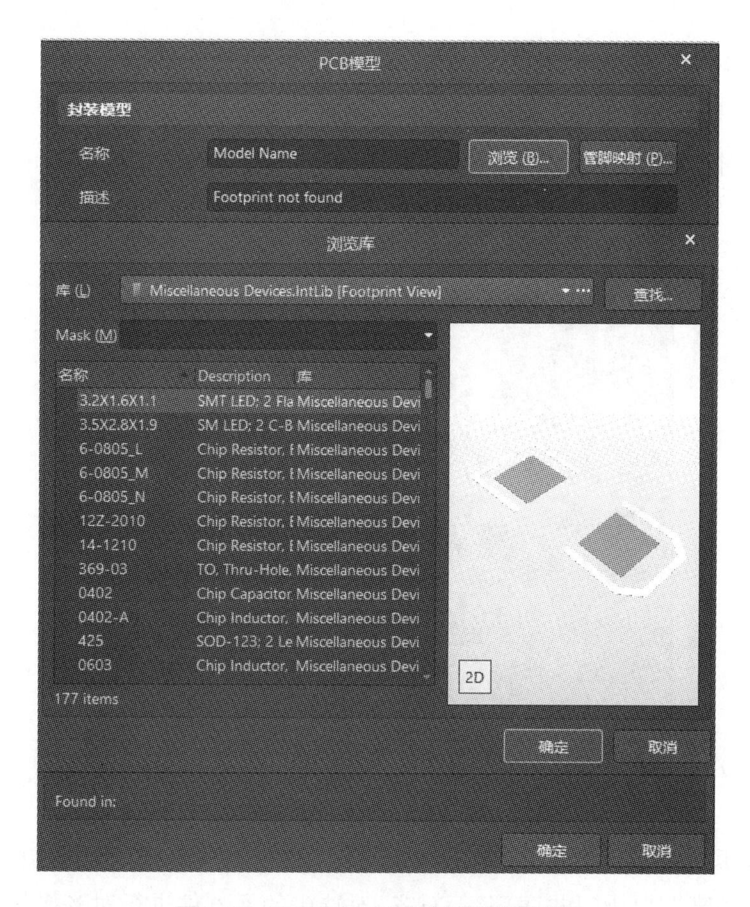

图 1.12　FootPrint 元器件封装浏览界面

1.7　元器件位置调整

1. 元器件的移动

单击菜单栏中的“Edit(编辑)→Move(移动)→拖动或移动”，十字光标放置在需要移动元器件的上面按一下左键，将元器件移动到指定的位置。

或者左键按住需要移动的元器件不放，拖动到指定的位置；当需要同时移动多个元器件时，首先选中需要移动的多个元器件，然后，在其中任意一个元器件上按住左键并拖动到指定的位置，松开左键。

2. 元器件的位置旋转

用左键单击要旋转的元器件并按住不放，出现十字光标，每按“Space”键一次，被按住的元器件逆时针旋转 90°；每按“X”键一次，被按住的元器件左右对称翻转；每按“Y”键一次，被按住的元器件上下对称翻转；当旋转到指定位置后，放开左键，即可。

3. 元器件对齐

执行工具栏“编辑→对齐(G)→对齐(A)”的命令，对选中的元器件进行对齐操作，显示对齐操作如图1.13所示。

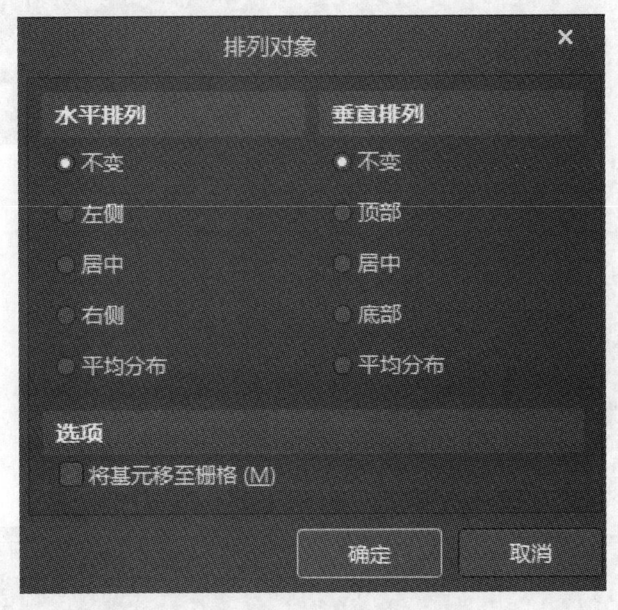

图1.13　排版对象的选项界面

在“排版对象的选项界面”中选择水平中的“左侧”“右侧”和“居中”等对齐和垂直方向“顶部”“居中”和“底部”等对齐，对选中的元器件进行对齐操作。

1.8　元器件的电气连接

1.8.1　元器件之间导线连接

执行工具栏“视图”→“工具栏”→“布线”的命令，显示布线工具栏如图1.14所示。

图1.14　布线工具栏

左键点击“布线工具栏”中，进入绘制导线状态，光标变成十字，将十字光标放到元器件起点管脚上，同时，出现一个红色的X，表示电气连接的意义，单击鼠标的左键确定导线的起始点；移动光标至导线的终点，点击鼠标左键一次，退出本次导线的绘制，鼠标仍处于绘制导线的状态，将光标移到新的导线起点，重复上述绘制方法进行下一个导线绘制。

在绘制导线过程中需要转折时，每个转折位置点击鼠标左键一次；通过 Shift ＋Space 快捷键调整直角、45°或者任意角转折模式切换；当确认退出绘制导线时，右击鼠标或点击 ESC 键，光标由十字形变成箭头形状。

或者执行工具栏“放置”菜单下的“绘图导线”命令实现元器件的连线操作；或者点击快捷工具栏中，执行绘图操作；也可以操作“P＋W”快捷键执行绘图操作。

注意：执行“工具(Tool)→原理图优先项(Schematic Preference)”，选中“显示(Display) Cross—Overs”，在导线相交处显示一个拐过的曲线桥，如图 1.15 所示。

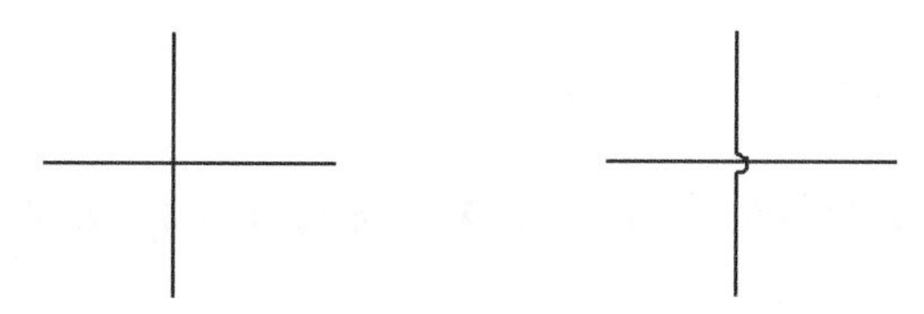

图 1.15　“显示(Display) Cross—Overs”选中前后交叉导线

1.8.2　母线绘制

为了简化原理图和便于读图，多个并行导线用母线来表示，使复杂电路简单化。在原理图空白处点击鼠标右键，弹出菜单中选择“放置”→“总线”或使用“P＋B”快捷键，执行母线绘制操作。绘制总线的方法与绘制导线的方法相同，将绘图总线光标放在总线的起点按左键，存在转折点处左键点击一次，拖动光标至总线的终点按右键退出当前母线绘制，但此时光标仍处于母线绘制操作状态，再次按右键就退出了母线绘制操作。

右键点击母线选择“属性(Properties)”，母线属性界面如图 1.16 所示，可以设置母线的宽度和颜色。

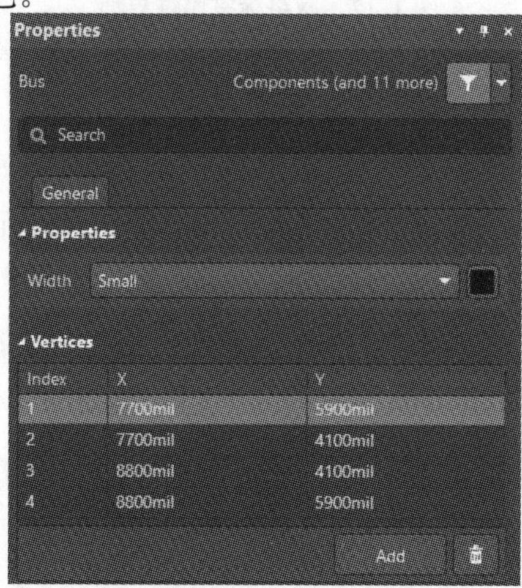

图 1.16　母线属性界面

1.8.3 总线入口绘制

总线入口没有任何电气连接意义，通过网络标号来完成电气意义。单击布线工具栏的“总线入口”按钮或使用“P+U”快捷键；在母线上放置总线入口，左键点击一次放置一个总线入口，右键点击一次退出总线入口操作，按“Space”键调整总线入口90°方向；每按“Space”键一次，总线入口旋转90°方向。

双击原理图中的总线入口，总线入口属性界面在原理图右侧，在“总线入口属性界面”中修改总线入口颜色。

1.8.4 网络标签放置

具有相同的网络标签的多个电气元器件连接在一起，对原理图中较远电气元器件使用网络标签，使电路走线简单易懂。

点击“布线工具栏”中“放置网络标签”或者在原理图的空白处点击右键，在菜单栏里选择“放置”→“放置网络标签”，实现网络标签放置操作。

光标由箭头变成十字光标，并在光标上方悬浮一个虚线方框，移动光标在需要放置网络标签的导线上点击左键，放置网络标签后光标仍处于放置状态；按“Tab”键设置“网络标签”的属性，修改“Net Name”后，如图1.17所示。这样在放置网络标签时，网络标签名称中的末尾数字会自动增加1，可以避免修改网络标签的麻烦。点击鼠标右键或“Esc”退出网络标签的放置操作。

图1.17 网络标签属性界面

1.8.5 放置输入/输出端口

在同一张图纸中，使用导线或者相同的网络标签实现电气元器件的相连接，而层次原理图使用“输入/输出端口”实现不同图纸中电气元器件的相连接。

执行菜单栏中“放置”→“端口”选项，或者“布线”栏中“放置端口”后，箭头光标变成带“输入/输出端口”的十字光标；移动光标到需要输入/输出端口的元器件末端或导线上，单击左键确定端口的一端位置，再拖动光标使端口的大小合适，再次单击左键确定端口的另外一端，完成输入/输出端口的放置。

鼠标仍处于输入/输出端口的放置状态，重复上述操作放置其他输入/输出端口，点击鼠标右键退出输入/输出端口的操作。左键点击输入/输出端口，输入/输出端口属性界面在原理图纸的编辑界面右侧显示，如图1.18所示。

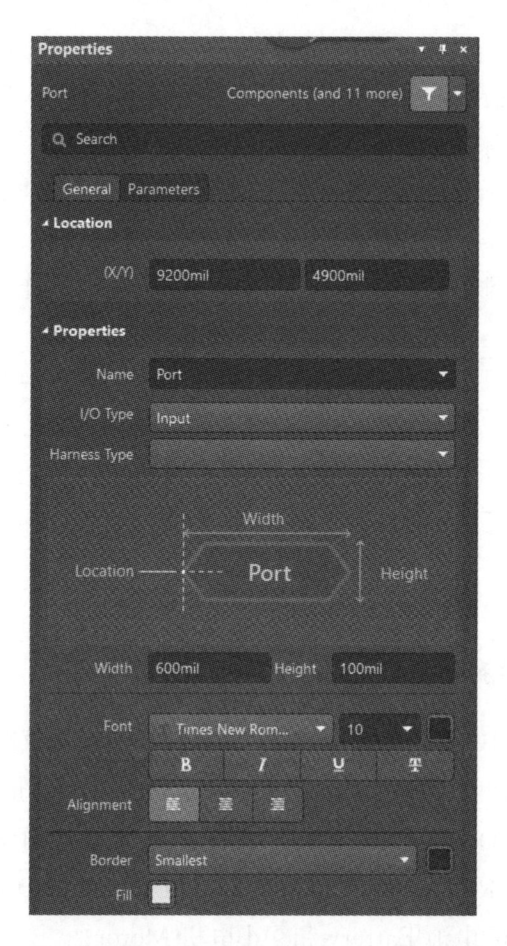

图 1.18　输入/输出端口属性(Properties)界面

在输入/输出端口属性中,修改"Name"名称、修改"I/O Type"输入/输出端口类型、端口的长度和高度、端口内的文字字体和大小以及填充颜色等。其中,"I/O Type"输入输出端口类型包括:"Unspecified(未指明或不确定)""Output(输出)""Input(输入)"和"Bidirectional(双向型)"四种类型。

左键按住输入/输出端口,按"Space(空格键)"调节输入/输出端口位置,每按一次"Space(空格键)",输入/输出端口选择 90°。不同层次原理图中电气元器件与相同名称的输入/输出端口相连,元器件虽然在不同图纸上,但电气连接在一起。

1.8.6　母线绘制操作实例

步骤 1:从元器件库"Miscellaneous Devices. intLib"里调用元器件"电阻",并放置好电阻,命名;

步骤 2:放置"Bus"线;"Place→Bus";

步骤 3:放置"Bus entry"线;"Place→Bus Entry(即斜线)";

步骤4:绘画元器件“电阻”和“Bus”之间的连线,用“Place Wire”;

步骤5:放置“Net Label”;“Place→Net Label(即A1－A4)”;按“Tab”键盘,修改参数“Net”的名称为“A1”;连续放置;

步骤6:放置“Port”;“Place→Port(即黄色的双向)”;按“Tab”键盘,修改参数“Net”的名称为“A1”,后面的网络标签的名称尾数连续增加1,如图1.19所示,电阻R5和R1都标记网络标签A1,实现R1和R5之间电气连接在一起。

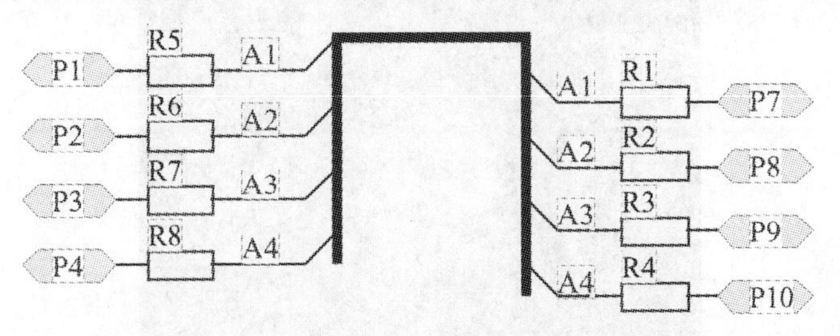

图1.19　母线绘制实例

1.8.7　原理图绘制操作实例

步骤1:建立PCB工程,新建原理图文件,保存工程和原理图文件;

步骤2:添加原理图元器件库“Miscellaneous Devices. intLib”,在原理图元器件库“Miscellaneous Devices. intLib”中,选择元器件如下:①电容Cap,②有极电容Cap Pol3,③电阻Res2,④熔断器Fuse1,⑤稳压二极管D Zener,⑥芯片PLL,⑦光耦Opto Triac,⑧电池Battery和⑨小电机Motor;

步骤3:将元器件放置好;

步骤4:执行“工具”→“标注”→“原理图标注”,显示元器件Desigator命名界面如图1.20所示,选择“处理顺序”中“Up then across”“Down then across”“Across then up”和“Across then down”的一项;

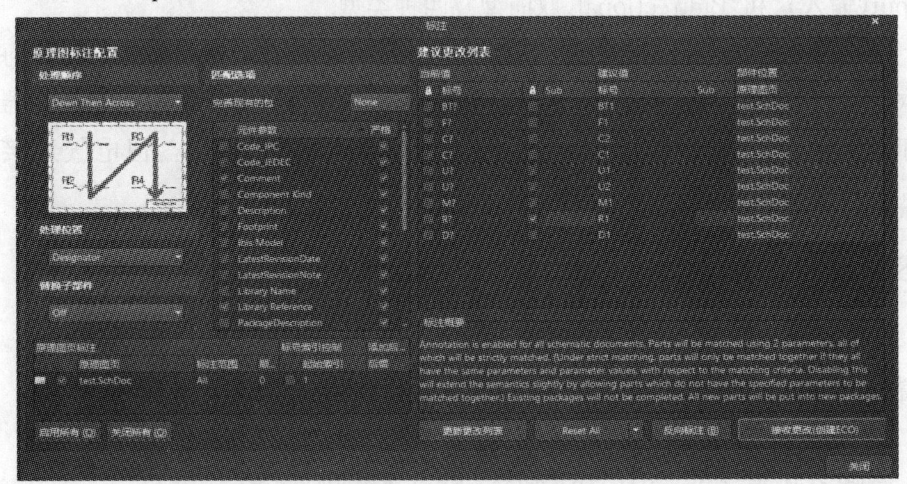

图1.20　元器件编号标注

步骤5:点击“原理图标注”界面中“接受更改(创建ECO)”,显示工程变更指令界面,点击“执行变更”实现元器件的命名后关闭“接受更改(创建ECO)”界面,如图1.21所示,图中“Reset all”对元器件进行重新命名;

图1.21　元器件“工程变更指令”界面

步骤6:执行菜单中“放置”→“导线”,对元器件进行连线操作,并从“应用工具”中调用电源与地放置到原理图中相应位置,如图1.22所示。

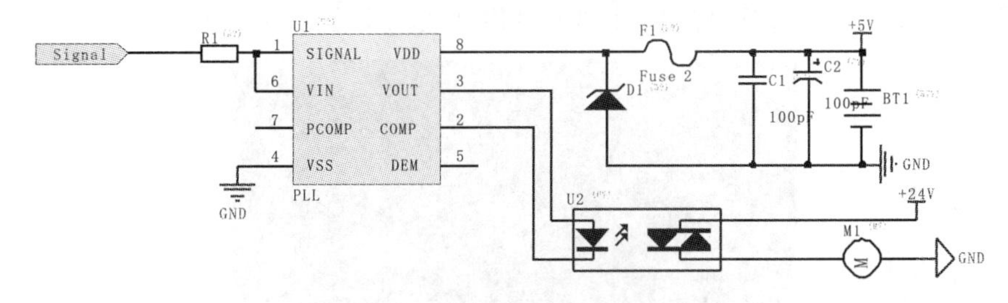

图1.22　原理图绘制实例

1.9　绘图工具使用

在原理图编辑环境中,与“布线”工具栏相对应的还有一个“应用工具”,“应用工具”中主要有“绘图工具”和“电源和接地工具”两个工具。“绘图工具”中的各种图元都不具备电气连接特性,在进行ERC检查及转换成网络表,“绘图工具”中的各种图元均不会产生任何影响,也不会被添加到网络表数据中;利用“电源和接地工具”栏中电源和接地符完成电源和接地的放置。

1.9.1　绘图工具

执行“视图”→“工具栏”→“应用工具”,在菜单栏里显示“应用工具”

，点击下拉键，选择“绘图直线”“绘制元”“绘制多边形”“添加文字”和“放置文本框”等功能。

1.9.2 绘制直线

点击“应用工具”中的下拉键，选择“绘图直线”，箭头光标变成十字形状光标，将光标放到需要绘图的位置处，点击左键确认直线的起点，移动光标到直线终点，点击鼠标左键确认，一条直线绘制完毕；此时，光标仍处于绘制直线状态，重复上述方法进行下一条直线绘制，点击右键退出直线的绘制，按“Space＋Shift”键调整转折处直线角度，与绘制导线方法相同。

1.9.3 放置电源和接地符号

执行菜单里“放置”→“电源端口”或单击“应用工具”中GND右侧下拉线，选择电源符号，箭头光标变成十字形状光标，将光标放到需要电源位置处，点击左键确认，放置好电源或接地符号；此时，光标仍处于放置电源状态，重复上述方法进行下一电源或地符号放置，点击右键或“Esc”退出电源放置操作。左键点击电源或地符号，电源或地符号的属性界面如图1.23所示。

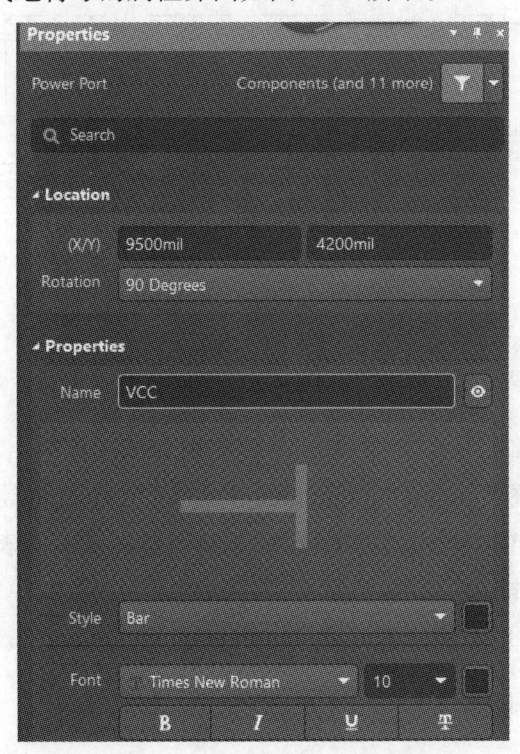

图1.23 电源或地符号的属性界面

电源或地符号的属性界面中的“Name”具有网络标签的功能，可以修改“Name”名称实现电源符号相连；通过修改“Style”的下拉键改变电源或地的形状。

1.10　操作实例

1.10.1　单片机应用系统原理图设计

本节通过具体的实例讲述完整的绘原理图的步骤，具体如下：

步骤 1：新建工程与原理图文件：启动 Altium Designer 软件，单击菜单栏中的“File→New→Project→PCB Project”命令，创建 PCB 工程；单击菜单栏中的“File→New→Project→Shematic”命令，在 PCB 工程下建立原理图文档，或右键点击“PCB Project”→“添加新的到工程”选择原理图文件；最后，把工程和原理图保存到指定位置，如 E 盘 AD 实验文件夹内，把工程和原理图命名为 test. PrjPcb 和 test. SchDoc；

步骤 2：设置原理图图纸的属性：执行“工具栏”→“视图”→“面板”→“Properties”，选择“Page option”中图纸为 A4，放置方向设置为 Landscape，图纸的标题栏为 Standard，其他为默认；

步骤 3：点击“ Miscellaneous Connectors.IntLib ”的右侧 ，选择“File－based Libraries Prefenrences”，显示“可用基于文件的库”界面如图 1. 24 所示；点击“可用基于文件的库”界面的“工程”后，执行“添加”显示元器件库文件所在的计算机里的文件夹，如图 1. 25 所示；选择元器件原理图库文件 STC_MCU1. Schdoc 和封装库文件 STC_MCU1. PCBdoc，如图 1. 26 所示。

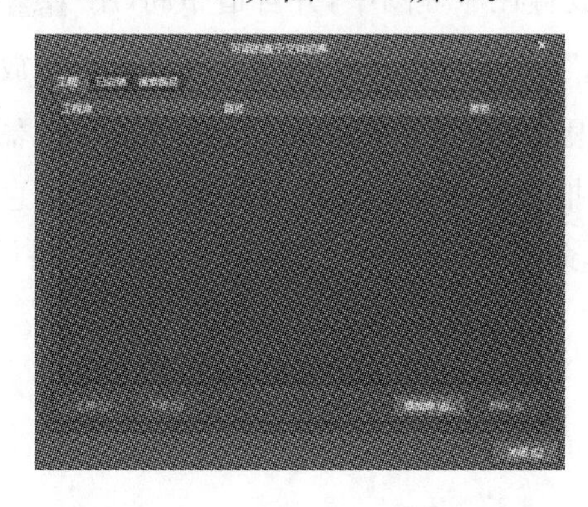

图 1. 24　“可用基于文件的库”界面

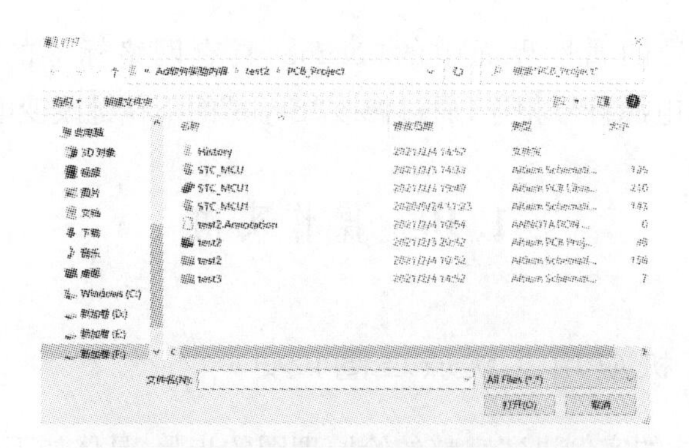

图 1.25　库文件所在的计算机文件位置

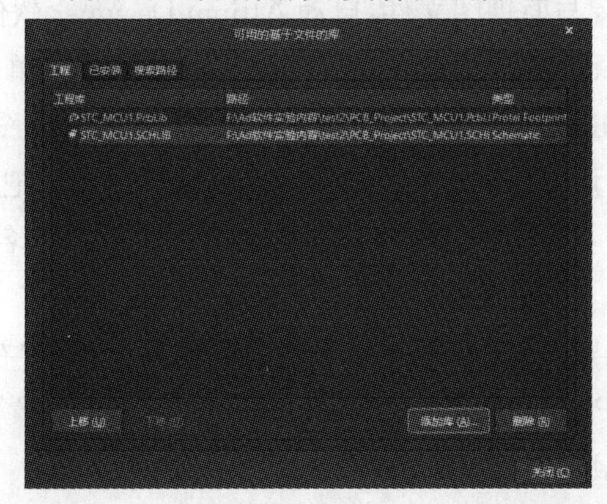

图 1.26　库文件添加后“可用基于文件的库”界面

步骤 4：打开“Components”中“STC_MCU1. Schdoc”元器件库，从元器件库里选择单片机“At89c52”、电容“Cap”、电阻“Res”、晶振“XTAL1”、二极管“LED”和按键“SW－PB”；

步骤 5：将元器件放置在原理图中，并合适布局，用“ ”连接元器件；

步骤 6：执行“视图”→“工具栏”→“应用工具”中电源，放置电源VCC和地；

步骤 7：输出网络报表：按照元器件实际尺寸，选择元器件的封装，该封装从封装库文件选择，网络报表包括元器件信息和网络连接信息，是原理图和 PCB 板连接的桥梁；执行菜单命令“工程”→“工程选项”，打开项目管理选项界面，如图 1.27 所示。

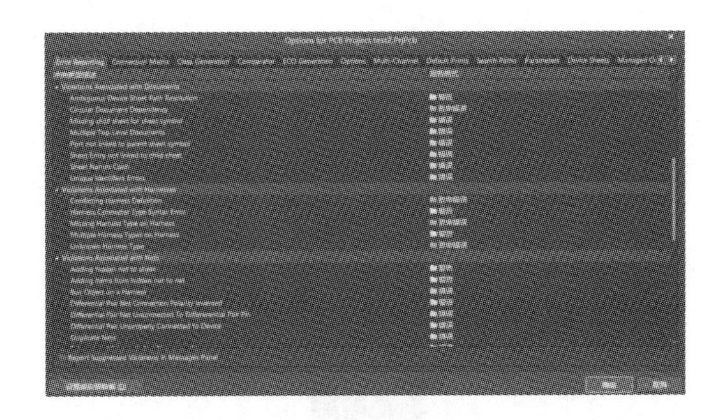

图 1.27　工程的 Options 选项界面

点击“工程的 Options 选项”界面的“Options”，本工程选择路径为“F:\Ad 软件实验内容\test2\PCB_Project\Project Outputs for test2”。

设置好网络报表选项，执行菜单栏中“设计”→“文件的网络表”→“Protel”，系统自动弹出网络报表文件并保存到文件夹中“F:\Ad 软件实验内容\test2\PCB_Project\Project Outputs for test2”，如图 1.28 所示。

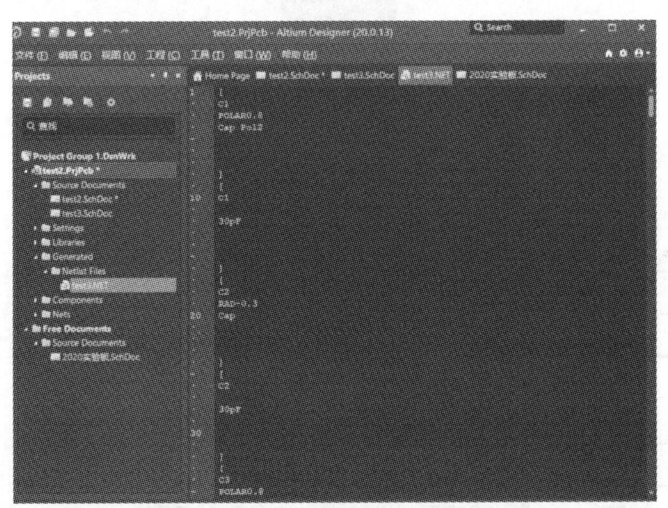

图 1.28　原理图的网络报表界面

网络连接信息有各个元器件和元器件网络信息，并用圆括号隔开，如图 1.29 和图 1.30 所示，通过原理图的网络报表可以看出各个元器件的封装是否完整以及元器件与其他元器件的连接信息。最终完成的原理图如图 1.31 所示。

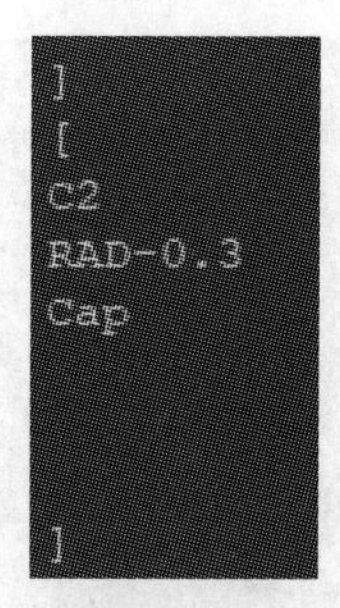

```
]
[
C2
RAD-0.3
Cap



]
```

图1.29　单个元器件的信息表

```
(
VCC
R1-1
R2-1
R3-1
R4-1
R5-1
R6-1
R7-1
R8-1
U1-31
U1-40
)
```

图1.30　单个元器件与其他元器件连接的信息表

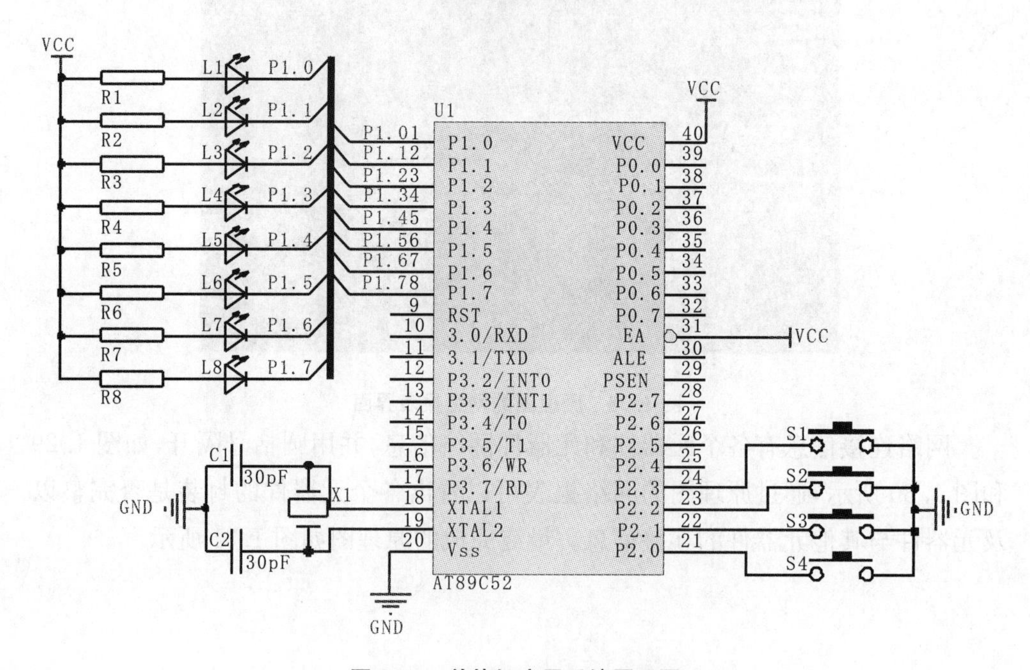

图1.31　单片机应用系统原理图

1.10.2　滤波电容原理图设计

按1.10.1节步骤建立原理图设计文件并设置图纸属性，添加系统库文件"Miscellaneous Devices. IntLib(通用元器件)"，绘制滤波电容原理图设计的步骤如下：

步骤1：从"Miscellaneous Devices. IntLib(通用元器件)"选择电容原理图器件"Cap"，点击键盘中的"Tab"键，设置"Cap"的"属性(Properties)"，隐藏"Comment"和"Value"中值，只显示"Designator"的值"C?"；

步骤2：在原理图编辑界面点击左键放置10个电容元器件，调整电容的方向和位置，如图1.32所示；

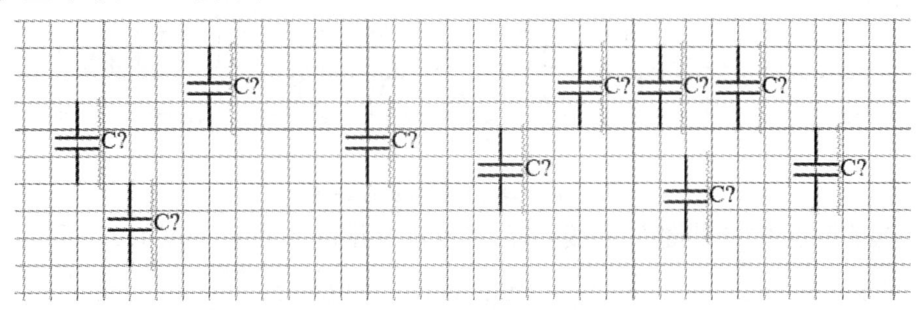

图1.32　电容元器件原理图

步骤3：左键按住空白处，拖动选中所有电容，如图1.33所示；

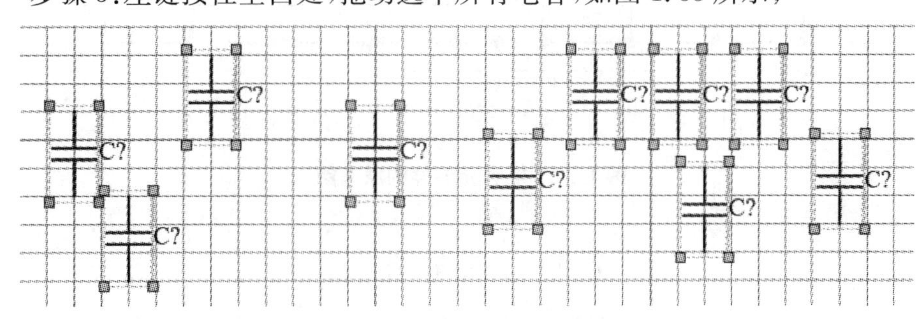

图1.33　电容元器件原理图

步骤4：执行菜单栏的"编辑(edit)"→"对齐"→"对齐(A)"，显示对齐对话框，如图1.34所示；

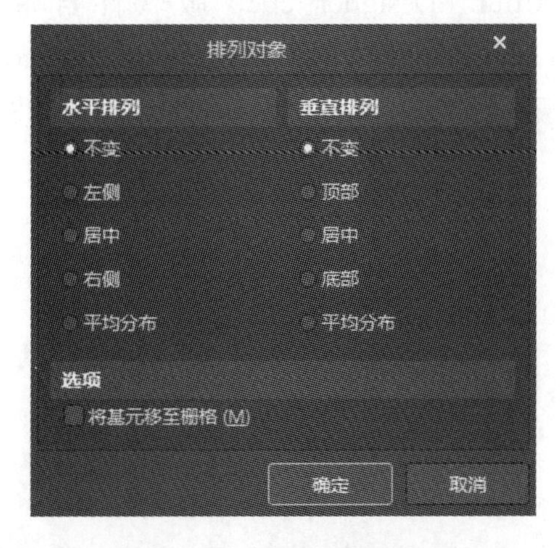

图1.34　排列对象对话框

步骤 5:选择对话框“水平排列”中“平均分布”,“垂直排列”中“顶部”,按确定,得到电容排列如图 1.35 所示;

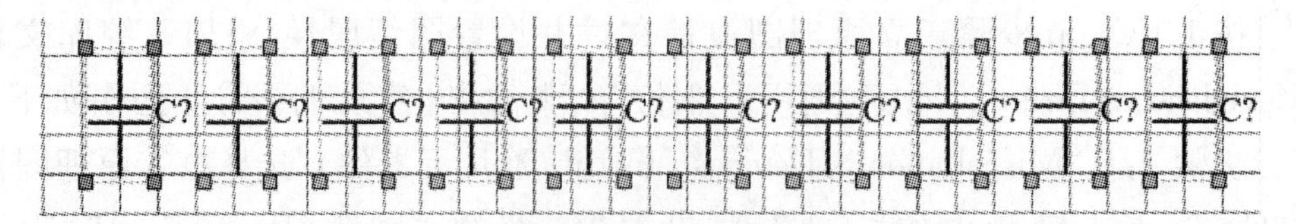

图 1.35 电容元器件对齐操作后的原理图

步骤 6:执行对话框中“工具”→“标注”→“静态标注原理图(U)”,对原理图中所有电容器件进行命名,得到图 1.36 所示;

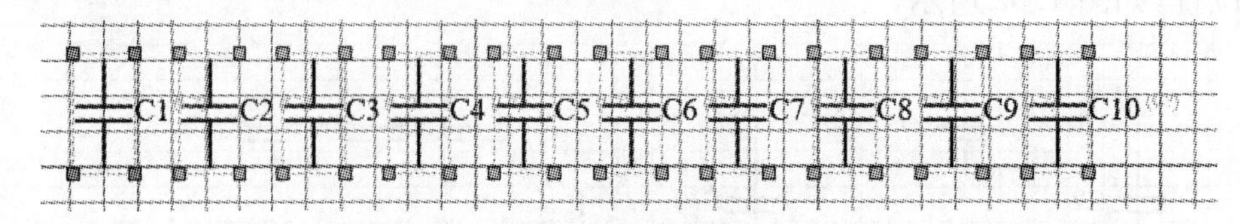

图 1.36 电容元器件的原理图

步骤 7:点击“导线”,连接电容,并放置电源和地,得到如图 1.37 所示。

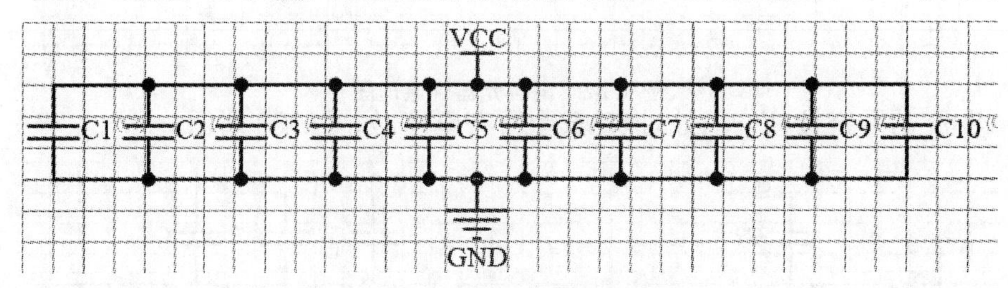

图 1.37 电容元器件的原理图

1.11 实验任务

1.11.1 音量控制电路原理图

任务要求:从 Altium Designer 2020 版软件自带的原理图元器件“Miscellaneous Devices. intLib”和“ Miscellaneous Connector. intLib”,按照前文原理图设计方法和步骤,绘制音量控制电路原理图如图 1.38 所示,并对其进行报表输出操作。

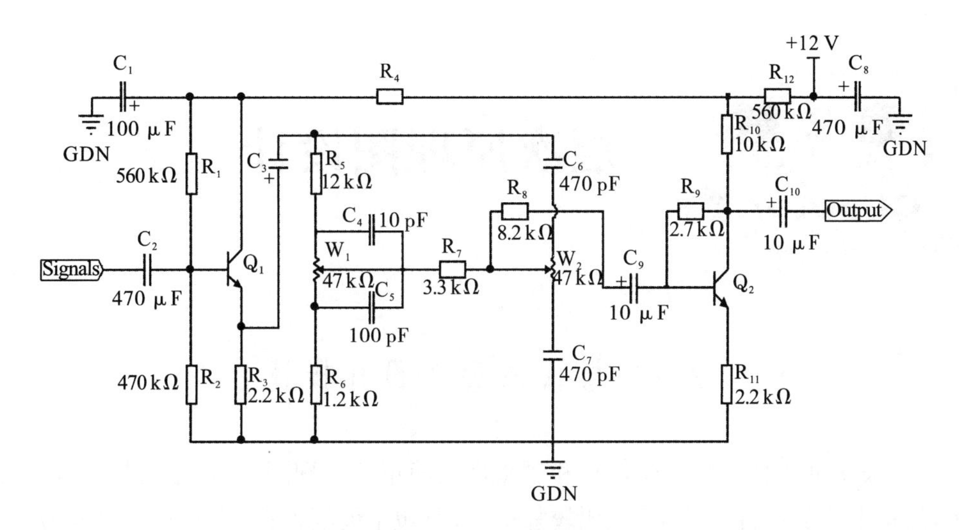

图 1.38 音量控制电路图

1.11.2 信号处理电路原理图

任务要求:从自制元器件库和封装库,STC_MCU2. Schlib 和 STC_MCU2. PcbLib,按照前文原理图设计方法和步骤,绘制信号放大原理图如图 1.39 所示,并对其进行报表输出操作。

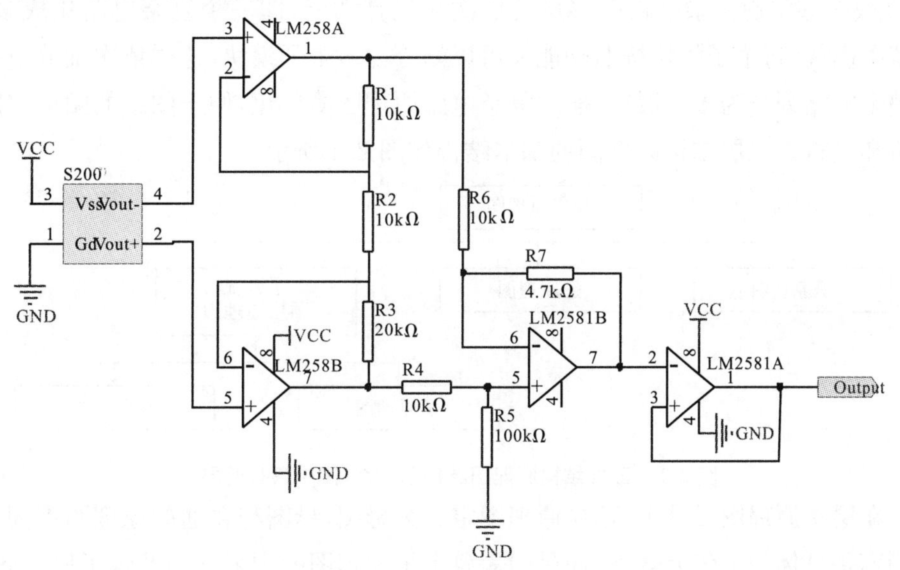

图 1.39 信号控制电路图

层次原理图设计

2.1 层次原理图设计概述

一张图纸适合绘制规模较小和逻辑性较简单的原理图,电路中包括元器件数少,线路走线简单;但电路系统比较复杂时,所包括元器件多,电路逻辑结构复杂,很难在单张电路图纸中完整地绘制,即使勉强绘制好,错综复杂的电路走线,不利于电路阅读和理解。对于复杂的电路系统,应该采用层次原理图,将原理图按照功能划分成用单张图纸绘制某一功能的原理图,用端口等方式将各个原理图纸联系起来。

复杂电路的划分原则是每个电路模块都应具有明确的功能特征和相对独立的结构,而且都简单和统一的接口,便于各个电路模块连接。Altium Designer 2020 版能够实现复杂电路图多层的层次化设计功能,即一个复杂电路化成多个功能子模块,每个子模块按照功能又可以划分为多个子模块,这样依次细分下去,把整个电路划分为多个层次,实现复杂电路原理图简单化,便于图纸的阅读、分析理解和检查。三层结构原理图的基本结构如图 2.1 所示。

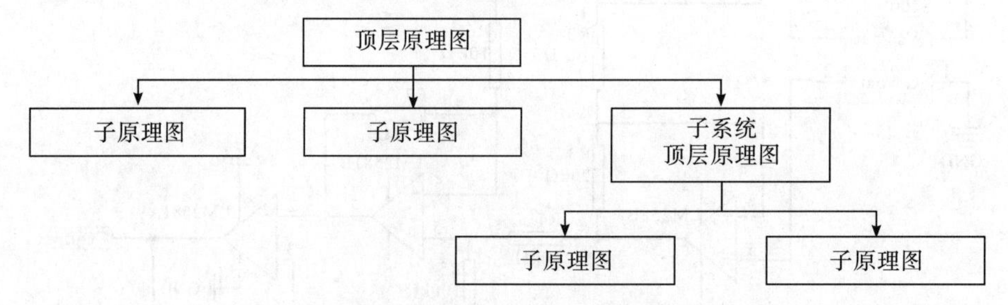

图 2.1 三层结构原理图结构示意图(图中只有两层)

在层次原理图设计中,顶层原理图定义为母图,母图与普通的原理图不同,母图中不是具体的电气元器件,而是代表各个子原理图的图纸框图及各子原理图的输入/输出端口。

2.2　自上而下的层次结构原理图设计

本节以单片机系统原理图为例，详细介绍自上而下的层次原理图设计方法。自上而下的层次电路原理图设计方法就是先设计顶层原理图的各个模块连接结构图，以及各个模块连接接口，其步骤如下：

步骤 1：新建项目：启动 Altium Designer2020，执行菜单栏中"File（文件）"→"New（新建）"→"Project（项目）"，显示"Project Templates（项目模板）"界面，选择界面中"Default（默认）"，再执行菜单栏中"File（文件）"→"New（新建）"→"Schematic（原理图）"，在项目中新建原理图文件，保持工程项目和原理图到指定文件内，将工程和原理图都命名为单片机系统；

步骤 2：原理图图纸设置：原理图选择"A4""放置方向（Orientation）"选择"Landscape""可视网格（Visible Grid）"和"捕捉网格（Snap Grid）"均设置为"100mil"。

步骤 3：执行菜单栏中"放置"→"页面符（Sheet Symbol）"命令，或右键点击原理图页面选择"放置"→"页面符（Sheet Symbol）"命令，或者单击"布线工具栏"中的"放置页面符▣"后，光标变成带页面符十字光标，点击鼠标左键放置"页面符"的起始位置后拖到左键确定"页面符"的大小，如图 2.2 所示；

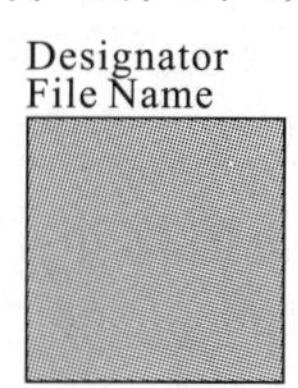

图 2.2　页面符

步骤 4：继续点击左键，确定新的"页面符"起始位置和大小，放置 4 个"页面符"后点击右键退出"页面符"的放置；

步骤 5：左键点击"页面符"的方块图，在原理图右侧显示方块图"属性（Properties）"设置对话框，如图 2.3 所示。"Designator"设置为"单片机最小系统""Ch340 程序下载电路""人机接口电路"和"信号输入电路"；

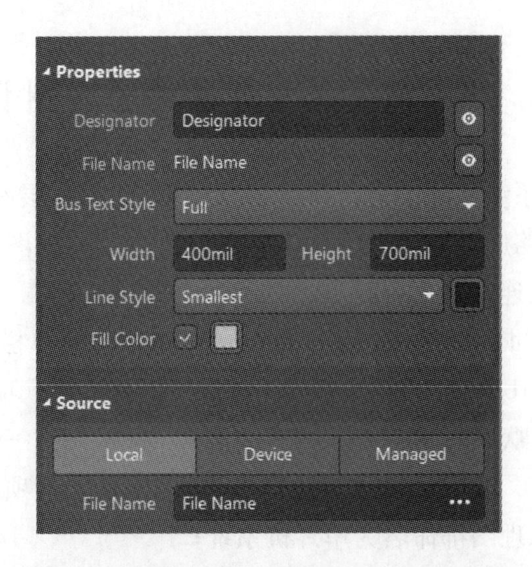

图2.3　页面符"属性(Properties)"设置对话框

步骤6:设置"页面符"的"属性(Properties)"后,放置"图纸入口"到"页面符"。"图纸入口"代表子原理图之间所传输的信号在电气上的连接通道,因此,放置在"页面符"边缘内侧;执行菜单栏中"放置"→"添加图纸入口"命令,或右键点击原理图页面选择"放置"→"添加图纸入口"命令,或者单击"布线工具栏"中的"放置图纸入口"后,光标变成带"添加图纸入口"十字光标;

步骤7:移动光标到页面符内部,在需要放置"添加图纸入口"处点击左键确定放置后,光标仍处于放置"添加图纸入口"的命令,继续按左键可以放置"添加图纸入口",当放置结束时,点击右键或"Esc"键即可;

步骤8:图纸入口符号只能在"页面符"内部的边缘处移动位置,左键按住图纸入口符号拖动到合适位置;

步骤9:左键点击"添加图纸入口"符号,在原理图右侧显示"图纸入口的属性(Properties)",如图2.4所示;

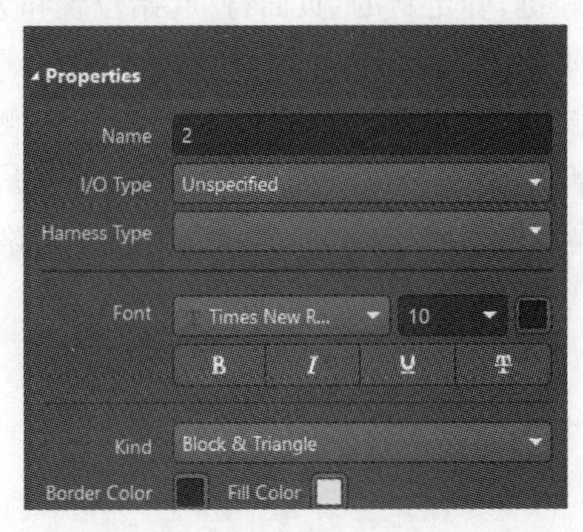

图2.4　"图纸入口的属性(Properties)"界面

在"图纸入口的属性(Properties)"界面中修改图纸入口的名称,从"I/O Type"的"Unspecified(未指明或不确定)""Output(输出)""Input(输入)"和"Bidirectional(双向型)"四种类型中选择合适的类型;在"Harness Type"设置线束的类型;在"Font"中设置图纸入口的名称字体大小、类型和颜色等;在"Border Color"修改图纸入口的边界颜色;

步骤 10:使用导线或总线把每个"页面符"上相同名称的图纸入口连接起来,完成顶层图纸的设计,如图 2.5 所示;该顶层原理图包括 4 个页面符,每一个页面符都代表一个相应的子原理图文件。在图纸内部给出了一个或多表示连接关系的电路接口,对于这些接口,在子原理图中都有相同名称的输入/输出端口与之相对应,以便建立起不同层次子原理图之间的信号通道;

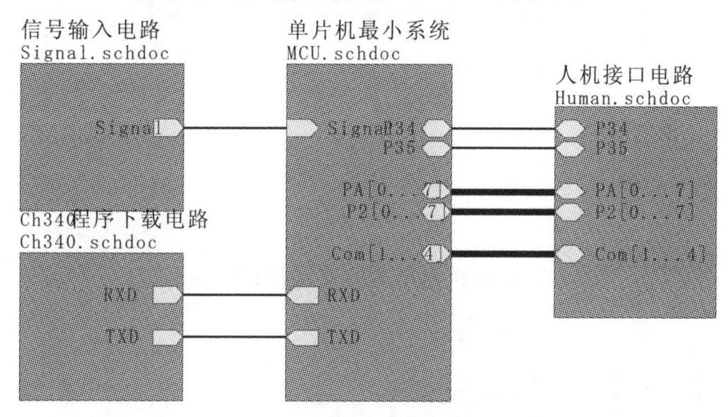

图 2.5　单片机系统原理图母图

步骤 11:执行菜单栏中的"设计"→"从页面符创建图纸",分别点击"单片机最小系统""Ch340 程序下载电路""人机接口电路"和"信号输入电路",生成子原理图, test1. SchDoc 为母图,点击◢得到各个子原理图,如图 2.6 所示;

图 2.6　原理图 test1 的子原理图结构图

步骤 12:采用第 2 章的原理图绘制方法,添加原理图库文件,从原理图库文件调用各种所需的元器件，调整元器件的位置，对各元器件进行电气连接，完成每个子原理图的绘制，如图 2.7、2.8、2.9 和 2.10 所示。

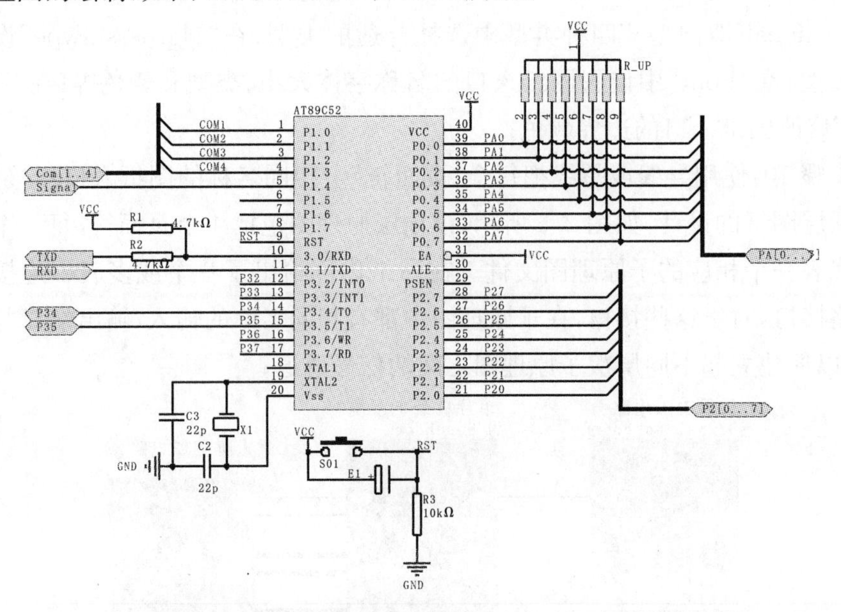

图 2.7　单片机最小系统原理(MCU. Schdoc)

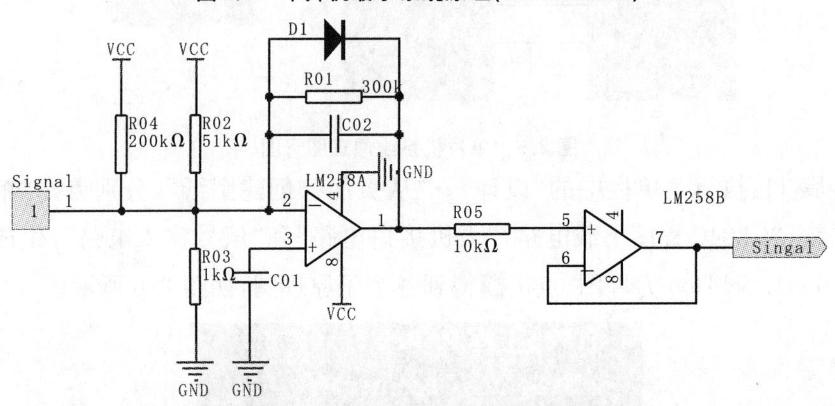

图 2.8　信号处理电路(Signal. Schdoc)

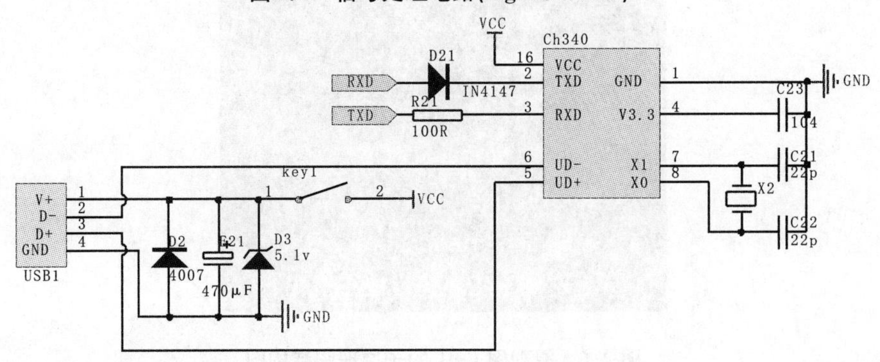

2.9　Ch340 程序下载电路(Ch340. Schdoc)

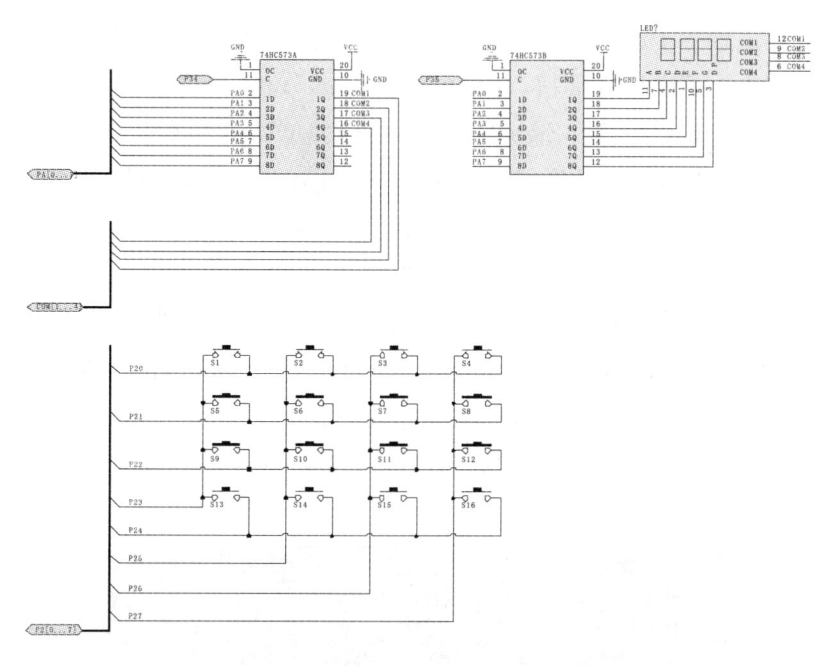

图 2.10　人机接口电路(Human. Schdoc)

2.3　自下而上的层次结构原理图设计

对于一个功能明确和结构清晰的电路系统来讲,可以采用自上而下的层次原理图设计流程;但对功能和结构不清晰的电路系统进行设计对需要对电路各个模块进行逐个设计,对不同电路模块进行不同的组合,设计者往往采用自下而上的层次结构原理图设计方法。下面仍然用"单片机系统原理图"设计为例,介绍自下而上的层次原理图设计方法。

步骤 1:新建项目。启动 Altium Designer2020,执行菜单栏中"File(文件)"→"New(新建)"→"Project(项目)",显示"Project Templates(项目模板)"界面,选择界面中"Default(默认)",保存工程项目到指定文件内,将工程命名为"test6. PrjPCB";

步骤 2:新建子原理图。右键点击工程文件"test6. PrjPCB",选择"添加新的到工程"→"原理图(Schematic)"命令,或者执行菜单栏中"File(文件)"→"New(新建)"→"原理图(Schematic)",在工程文件"test6. PrjPCB"中新建原理图文件,另保存到指定文件内,将原理图命名为"MCU. Schdoc";采用同样方法,新建子原理图文件"Ch340. SchDoc""Signal. SchDoc"和"Human. SchDoc";

步骤 3:绘制各子原理图。根据各个子原理图的功能,设计电路图;参考原理图设计方法,先添加原理图库文件,将所需的元器件放置到图纸中,并调整各元器件的位置后连线;

步骤 4：放置各子原理图的输入/输出端口。执行菜单栏中"放置"→"端口"，在"Signal. SchDoc"中放置端口，并命名为"Signal"；在"MCU. SchDoc"中放置端口，并命名为"Signal"，实现"Signal. SchDoc"和"MCU. SchDoc"子原理图之间电气连接；同样，在"MCU. SchDoc"和"Ch340. SchDoc"放置两个端口，并修改名称为"RXD"和"TXD"；在"MCU. SchDoc"和"Human. SchDoc"放端口，并命名为"P34""P35""COM[1…4]""P2[0…7]"和"PA[0…7]"；

步骤 5：创建顶层原理图。在项目中新建一个原理图文件，保存到指定的位置，并命名为"test6. SchDoc"；打开"test6. SchDoc"原理图，执行菜单栏"设计(Design)"→"从图纸符号或 HDL 创建图纸符号(Create Sheet Symbol From Sheet Or HDL)"，显示"选择文件放置(Choose Document to Place)"对话框界面，如图 2.11 所示；

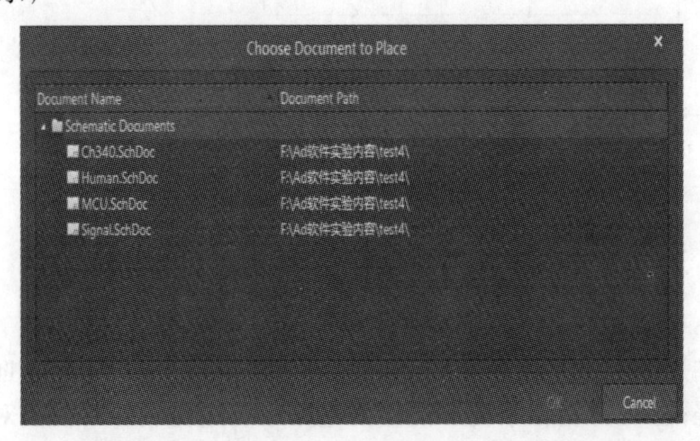

图 2.11 "选择文件放置(Choose Document to Place)"界面

步骤 6：左键在"选择文件放置(Choose Document to Place)"对话框界面选择"Ch340. SchDoc"，单击"确定(OK)"按钮，光标带"页面符 Ch340. SchDoc"，在顶层原理图"test6. SchDoc"中指定位置单击左键确定放置；同样，采用上述方法，在顶层原理图"test6. SchDoc"中放置"页面符 MCU. SchDoc""页面符 Human. SchDoc"和"页面符 Signal. SchDoc"，如图 2.12 所示。

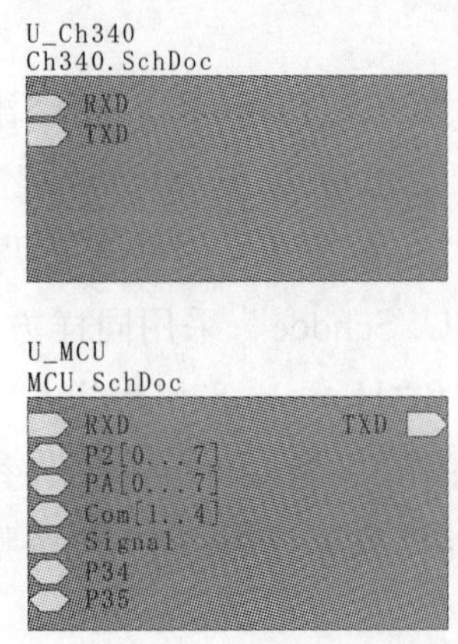

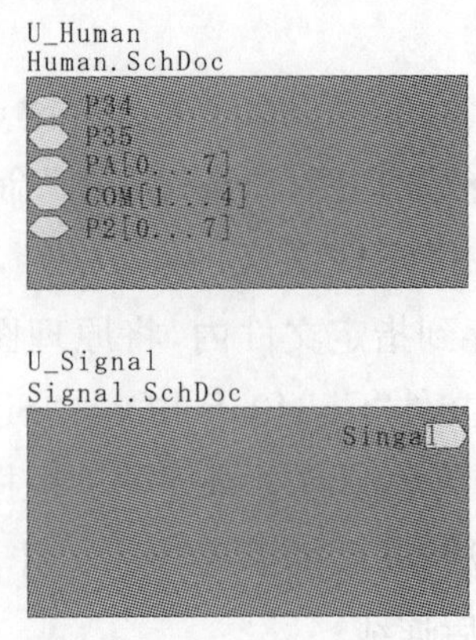

图 2.12 建立顶层原理图

步骤 7:调整各个页面符和端口位置,利用导线或母线将图纸输入/输出端口连接起来,完成顶层原理图绘制。

2.4　层次原理图之间的切换

由于层次原理图绘制的是复杂的电路原理图,包括顶层母图和多张子原理图,结构复杂,设计人员在绘制原理图时需要各个子原理图和顶层母图切换查看,以便修改、编辑和检查等操作。Altium Designer 2020 提供了子原理图和顶层母图之间的切换专用指令,以帮助设计者在设计层次原理图过程时方便切换,实现层次原理图同步查看、编辑和检查等操作。

2.4.1　由顶层母图中页面符切换到相应的子原理图

由顶层母图切换到子原理图的步骤如下:

步骤 1:右键点击“test6. PrjPcb”→“Validate PCB Project test6. PrjPcb”,或者执行菜单“工程”→“Validate PCB Project test6. PrjPcb”,完成对项目工程的编译,得到编译结果如图 2.13 所示;

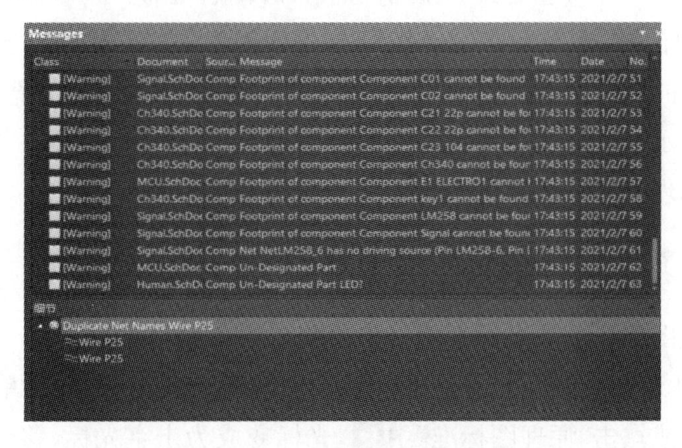

图 2.13　建立顶层原理图

步骤 2:执行菜单栏的“视图”→“面板”→“Navigator”或点击原理图的右下角的“Panels”→“Navigator”,打开 test5 的“Navigator(导航)”面板,如图 2.14 所示;

步骤 3:打开 test5. SchDoc 顶层原理图,执行菜单栏“工具”→“上/下层次”选项,或执行“视图”→“工具栏”→“原理图标准”,单击“原理图标准”的“上/下层按钮”,此时,光标放在顶层原理图时光标变成十字光标;将光标移至想要查看的子原理图“页面符”上,左键点击“页面符”,就进入子原理图;例如:需要查看 Ch340. SchDoc 子原理图,单击“原理图标准”的“上/下层按钮”后,将光标移至 Ch340. SchDoc 的“页面符”上并点击左键,就进入 Ch340. SchDoc 子原理图的界面；或者直接点击"Navigator"界面中各个子原理图，进入子原理图；

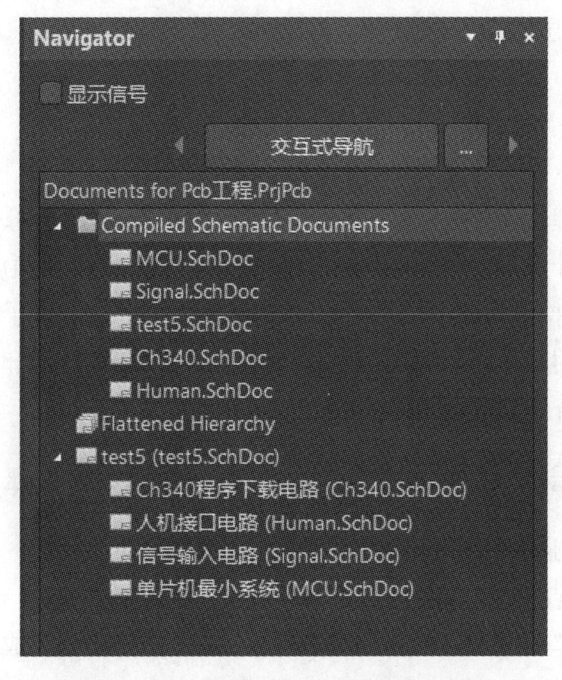

图 2.14　test5 的"Navigator(导航)"面板

步骤 4：单击"原理图标准"的"上/下层按钮"后，点击"页面符"任何一个端口，就可进入和查看该"页面符"相对应子原理图的端口并显示高亮状态；当点击该子原理图显示高亮度的端口，进入顶层原理图；点击右键或"Esc"键，退出顶层原理图与子原理图之间切换。

2.4.2　由子原理图切换到顶层原理图

由子原理图切换到顶层原理图的步骤如下：

步骤 1：打开任意一个子原理图，例如 Ch340. SchDoc，执行菜单栏"工具"→"上/下层次"，或点击"原理图标准"中，光标变成为十字光标，移动光标点击任意一个输入/输出端口；

步骤 2：单击 Ch340. SchDoc 子原理图中端口"RXD"，顶层母图"test5. SchDoc"就出现在编辑窗口中，光标在代表"Ch340. SchDoc"子原理图页面符中端口"RXD"，此时，端口"RXD"处于高亮度显示；点击右键或"Esc"退出切换状态，完成由子原理图和顶层原理图的切换。

2.5　实验任务

任务要求：调用自制元器件库和封装库，STC_MCU2. Schlib 和 STC_MCU2. PcbLib，按照前文层次原理图设计方法和步骤，采用自上而下层次绘制图 2.15 和图 2.16。

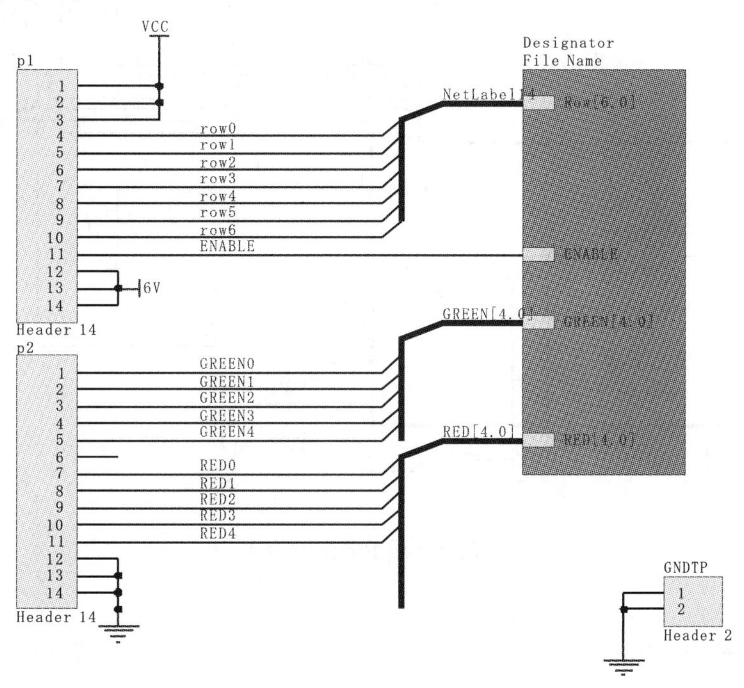

图 2.15　顶层原理图

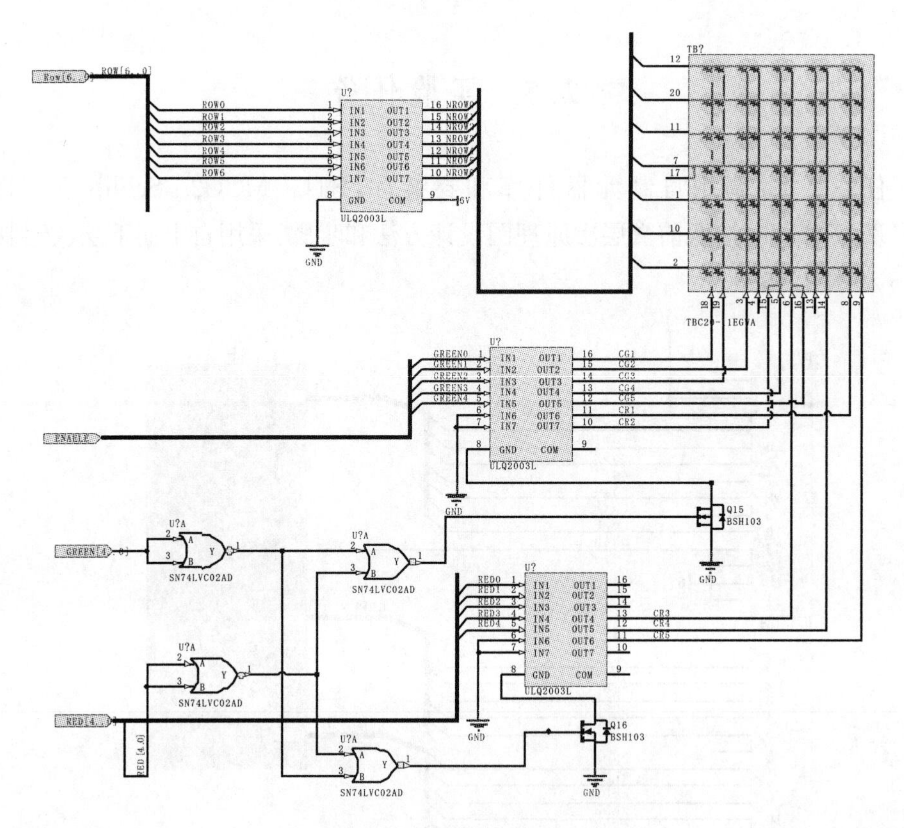
ROW[6..0]
ROW0
ROW1
ROW2
ROW3
ROW4
ROW5
ROW6
U?
IN1
IN2
IN3
IN4
IN5
IN6
IN7
OUT1
OUT2
OUT3
OUT4
OUT5
OUT6
OUT7
GND
COM
ULQ2003L
6V
TB?
TBC20-11EGWA
GREEN0
GREEN1
GREEN2
GREEN3
GREEN4
CG1
CG2
CG3
CG4
CG5
CR1
CR2
CR3
CR4
CR5
Q15
BSH103
Q16
BSH103
U?A
SN74LVC02AD
GREEN[4..0]
RED0
RED1
RED2
RED3
RED4
RED[4..0]

图 2.16　显示电路(子图)

原理图元器件库设计

本章主要内容包括创建原理图库和创建原理图元器件等内容，通过本章学习，帮助读者学习和掌握 Altium Designer 2020 创建和编辑原理图库文件。

3.1 创建原理图元器件库

当利用现有原理图的元器件时，执行菜单栏"设计"→"生成原理图库"命令，生成原理图后保存到指定文件夹；绘制其他原理图时调用该原理图库文件就可。

执行菜单栏"文件(File)"→"新建(New)"→"项目(Project)"，再执行菜单栏"文件(File)"→"新建(New)"→"原理图库(Schematic Library)"命令，进入原理图元器件库文件编辑界面，右键点击"项目(Project)"和"原理图库(Schematic Library)"，保存到指定文件夹并命名为"test05. PrjPcb"和"test05. SchLib"。

"test05. SchLib"库文件编辑界面右侧显示元器件编辑的"Properties" 和"Components"对话框，点击编辑界面的 Components Properties 中"Properties"，如图3. 1所示；"Components"如图 3. 2 所示。

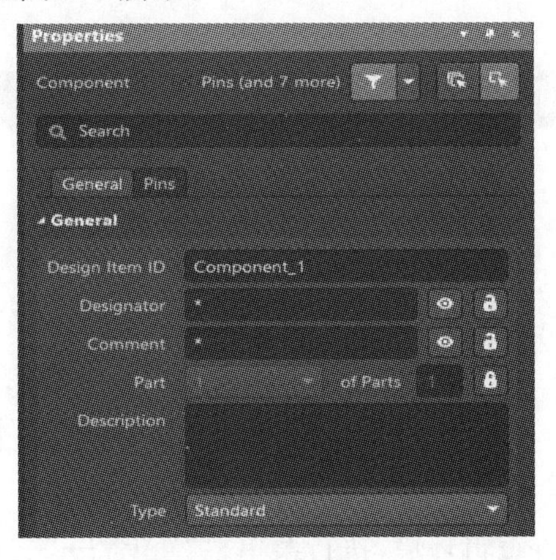

图 3.1　库文件中元器件的属性(Properties)对话框

在图 3. 1 中，"General"包括"Design Item ID"是元器件库文件中命名，"Designator"为标识符，在原理图中该标识符命名不重复，否则报错；"Comment"后填写元器件的性能参数，如电阻值等；"Part"为含有多子部件的元器件；"Description"填写元器件的描述。

在图3.2中，显示“Design Item ID”“Comment”“Library”和“Source”的内容值；以及“Models”元器件的形状。

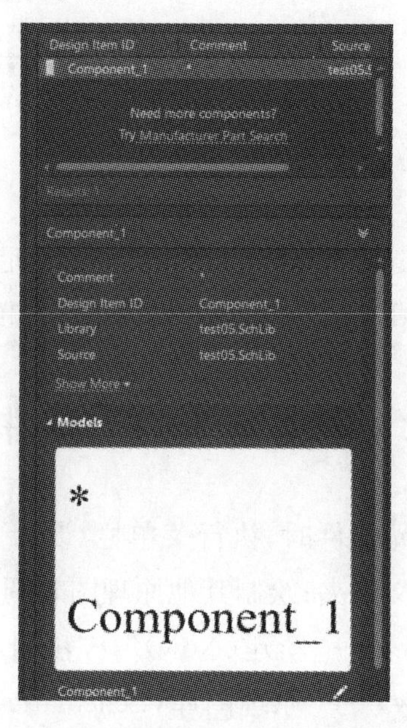

图3.2　库文件中元器件的部件(Components)对话框

3.2　原理图库工具栏

原理图库文件主要用到“应用工具”和“布线工具”进行绘图，如图3.3和图3.4所示。

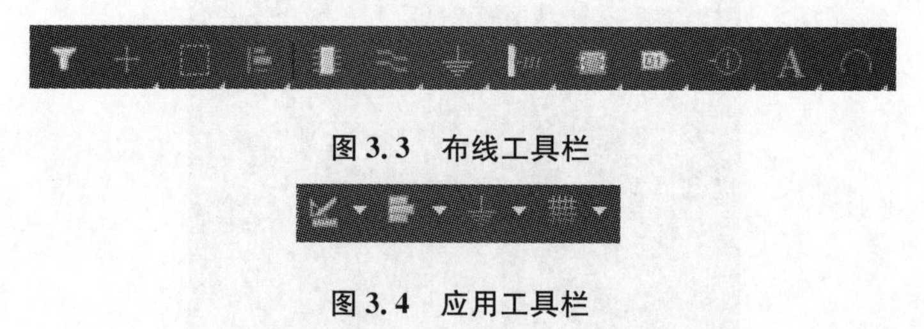

图3.3　布线工具栏

图3.4　应用工具栏

3.3　元器件库编辑工作区参数设置

打开原理图库文件编辑环境，执行菜单栏“工具”→“文档选项”命令，显示原理图库文件编辑界面，如图3.5所示，设置编辑图纸的参数。

在图3.5中，“可视网格(Visible Grid)”文本框用于设置显示栅格的大小；“捕捉网格(Snap Grid)”文本框用于设置捕捉网格的大小，“可视网格(Visible Grid)”和“捕捉网格(Snap Grid)”均设置为100mil；“Sheet Border”复选框用于设置原理图库编辑边界是否显示及其颜色；“Sheet Color”复选框用于设置输入元器件的引脚与元器件的颜色。

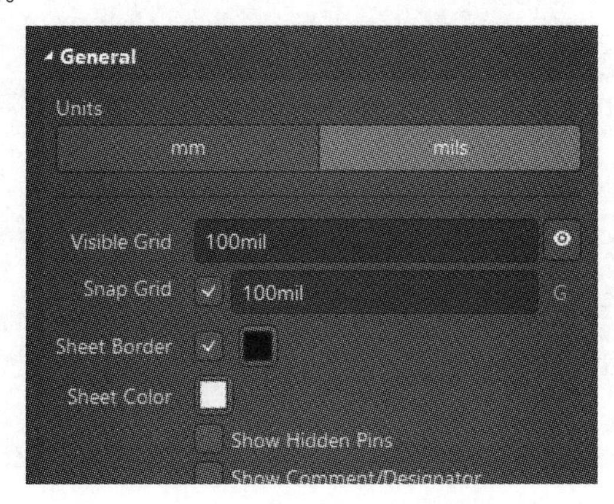

图 3.5　原理图库文件属性界面

3.4　绘制原理图库元器件

本章以绘制变压器元器件、LM258 和 74LS573 为例，介绍绘制原理图库文件的方法。

3.4.1　变压器元器件绘制

步骤 1：新建原理图库文件。执行菜单栏“File”→“项目”和执行菜单栏“文件”→“库”→“原理图库”，保存到指定位置，并命名为“test06. PrjPcb”和“test06. SchLib”；

步骤 2：设置原理图库编辑界面属性。在原理图库编辑界面的右下方单击“Panels”或执行“视图”→“面板”→“Properties”，打开“Properties”面板，并自动固定在原理图库文件编辑界面的右侧，在“Properties”面板修改原理图库文件编辑界面的属性，包括“可视网格”“捕捉网格”和编辑界面颜色等参数；

步骤 3：在新建原理图库文件的同时，系统自动为原理图库文件里添加一个名称为“Component－1”元器件，如图 3.6 所示；在“Design Item ID”后修改名称为变压器，该名称为该器件在原理图库文件中名称；

步骤 4：放置变压器线圈。变压器的线圈用半圆弧来代替；执行“视图”→“工具栏”→“应用工具”后点击“应用工具”中“ ”下拉，选择“放置椭圆弧<”放置在元器件编辑界面的十字交叉点；点击一次左键，确定“放置椭圆弧”放置位置，第二次点击左键确定“放置椭圆弧”弧度起始位置，第三次点击左键确定“放置椭圆弧”弧度的结束位置，再点击左键放置第一个“放置椭圆弧”结束；光标仍处于放置状

态，变压器半圆弧左右两边都放四个，点击右键或“Esc”键光标退出放置状态。

图3.6 元器件的属性

步骤5：修改参数。当光标左键点击“放置椭圆弧”，显示，光标按住“放置椭圆弧”起始位置，调节“放置椭圆弧”起始位置，同样方法调节“放置椭圆弧”终止位置；左键点击“放置椭圆弧”拖拉最右边的虚线，调节“放置椭圆弧”的弧度，或者修改“放置椭圆弧”的“Properties”中“半径(X)”“半径(Y)”和“起始角度”等参数，如图3.7所示；“半径(X)”和“半径(Y)”都设置50mil；

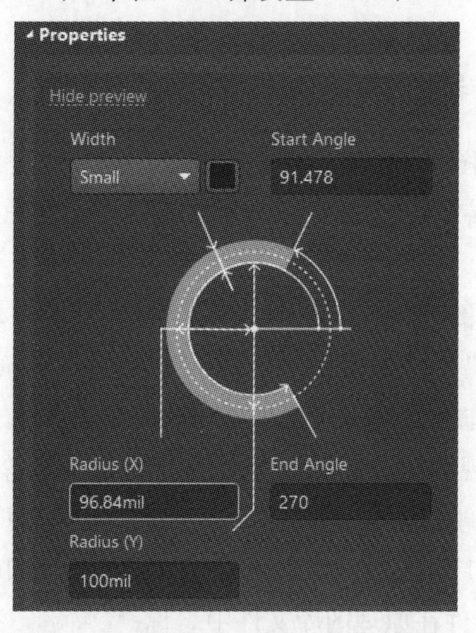

图3.7 “放置椭圆弧”的属性(Properties)界面

步骤5：执行菜单栏中“工具”→“文档选项”，设置“Snap Grid”参数为50mil后，将每个“放置椭圆弧”移动到一个“可视网格”内，左右各四个，如图3.8所示。移动“放置椭圆弧”到一个“可视网格”内，将“Snap Grid”参数仍设置为100mil；

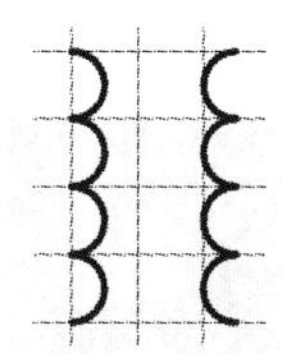

图 3.8　变压器线圈示意图

步骤 6：放置竖线。点击“应用工具”中“ ”下拉，选择“放置线”，或执行菜单栏“放置”→“线”，或在原理图库编辑界面右键点击空白处，显示菜单，选择“放置”→“线”，光标由箭头变为十字光标，在两组半圆弧中间放置两条竖线；在线的属性中修改线的颜色为蓝色，如图 3.9 所示。

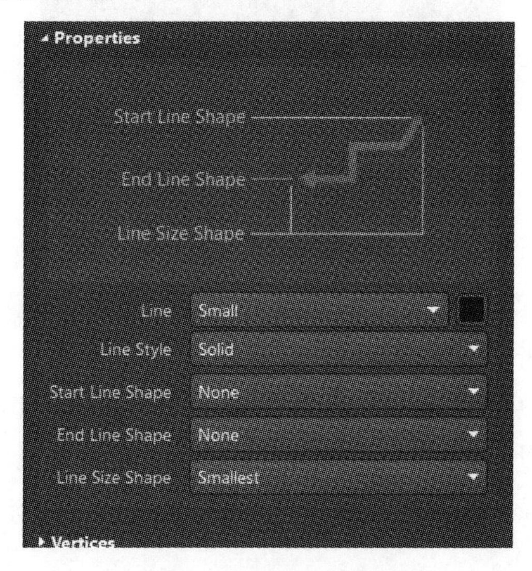

图 3.9　线的属性示意图

步骤 7：放置同名端。点击“应用工具”中“ ”下拉，选择“放置椭圆”，或执行菜单栏“放置”→“椭圆”，或在原理图库编辑界面右键点击空白处，显示菜单，选择“放置”→“椭圆”，光标由箭头变为十字光标，在两组半圆弧上方放置两个椭圆；将光标放置到指定位置，点击左键确定“椭圆”半径 X，再次点击左键确定“椭圆”半径 Y；

步骤 8：修改“椭圆”属性。在椭圆的属性“Properties”中修改“椭圆”的“半径 X”和“半径 Y”均为 20mil；修改“椭圆”的“Fill Color（填充颜色）”为蓝色；

步骤 9：放置引脚。点击“应用工具”中“ ”下拉，选择“放置管脚”，或执行菜单栏“放置”→“管脚”，或在原理图库编辑界面右键点击空白处，显示菜单，选择“放置”→“管脚”，光标由箭头变为带引脚的十字光标；光标移动指定位置，按“Tab”键，显示管脚的“属性（Properties）”，如图 3.10 所示；

在管脚的“属性（Properties）”对话框中，“Designator”设置为 1，“Name”默认为空，“Electrical Type”设置为“Passive”，“Pin Length”设置为 100mil 的整数倍，

这里设置为100mil；

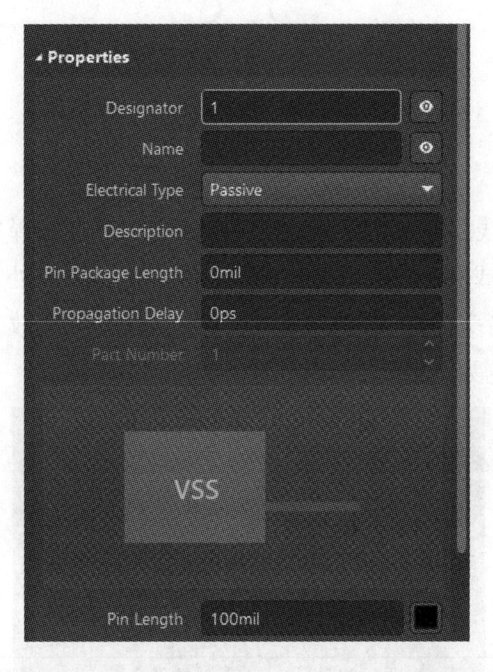

图3.10　管脚的"属性(Properties)"界面

在指定位置点击左键放置管脚，"Designator"为1，此时，光标仍处于放置管脚状态，在指定位置点击左键放置管脚，"Designator"数值自动地增加1，放置管脚直到满足要求数量；放置管脚时，不管上下左右，将具有电气属性■的一端朝外；点击右键或"Esc"键退出放置管脚，得到变压器的库元器件原理图，如图3.11所示。

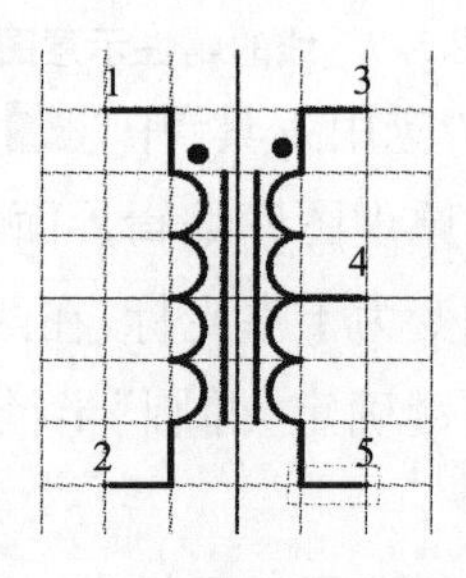

图3.11　变压器的库元器件原理图

3.4.2　芯片LM258多子图绘制

绘制好变压器元器件原理图后，执行"工具"→"新器件"或右键点击元器件编辑区域，选择"工具"→"新器件"，或点击"■"下拉选择"新器件"，显示新建元器件的对话框，如图3.12所示，修改"Design Item ID"的名称为"LM258"后，点击确认键，就进入新元器件编辑界面。

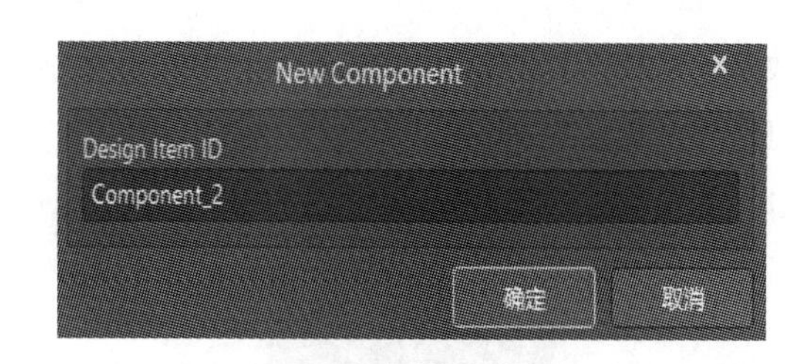

图 3.12　新建元器件对话框

步骤 1:执行菜单栏中“工具”→“文档选项”,设置“Snap Grid”参数为 10mil 后,将“线”放置在十字交叉点附近画竖线,长度为 400mil,以上下端点为起点划斜线,斜线的水平跨度为 400 mil,构成三角形;

步骤 2:点击“应用工具”中“ ”下拉,选择“文本字符串”,或执行菜单栏“放置”→“文本字符串”,或在原理图库编辑界面右键点击空白处,显示菜单,选择“放置”→“文本字符串”,光标由箭头变为带“文本字符串”的十字光标,在三角形底边对称放置“+”和“−”,如图 3.13 所示。

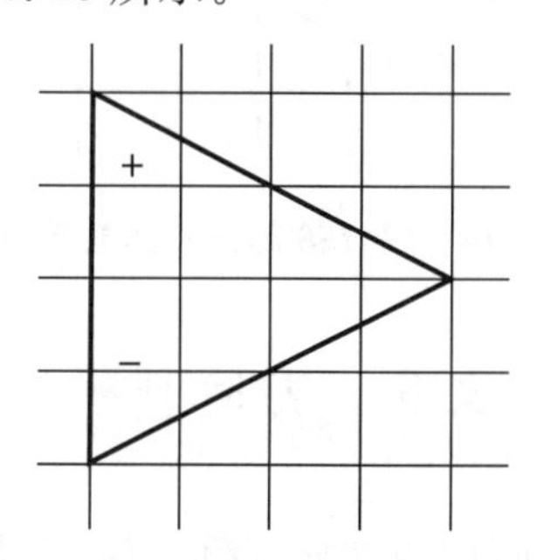

图 3.13　LM258 运放内框图

步骤 3:执行菜单栏中“工具”→“文档选项”,设置“Snap Grid”参数为 100mil 后,点击“应用工具”中“ ”下拉,选择“放置管脚”,或执行菜单栏“放置”→“管脚”,或在原理图库编辑界面右键点击空白处,显示菜单,选择“放置”→“管脚”,光标由箭头变为带引脚的十字光标;光标移动指定位置,按“Tab”键,显示管脚的“属性(Properties)”,将“Designator”修改为 1,在指定位置放置管脚 1、2 和 3,并将具有电气属性 的一端朝外,如图 3.14 所示。

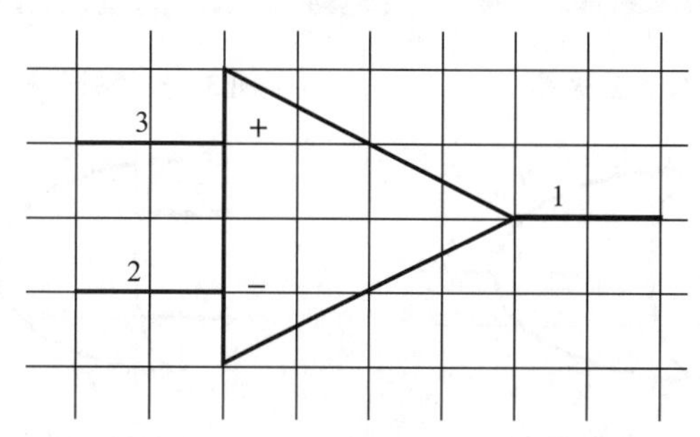

图 3.14　LM258 部件 A 运放原理图

绘制好单个运放后，执行菜单“工具”→“新部件”，LM258 元器件包括两个部件“Part A”和“Part B”，如图 3.15 所示。

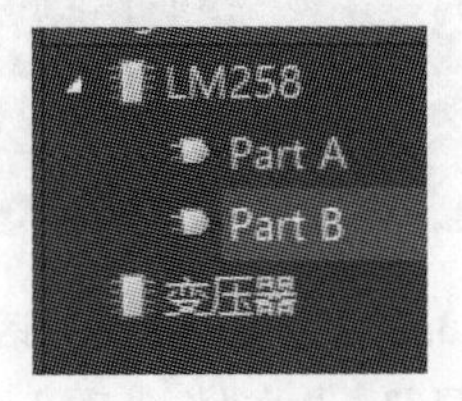

图 3.15　LM258 结构

按照前述步骤绘制 LM258 的子部件原理图，绘制结果如图 3.16 所示。

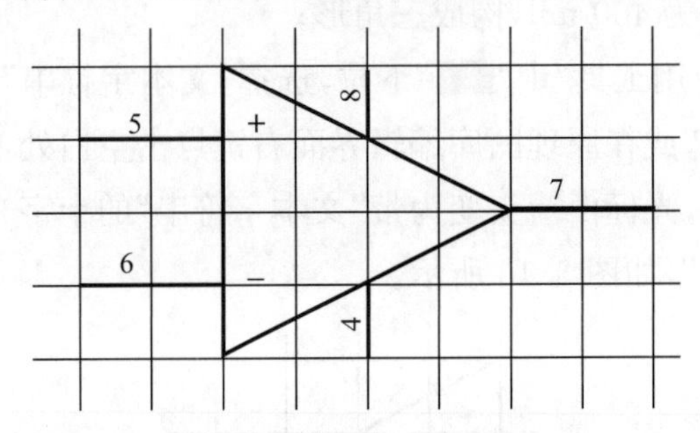

图 3.16　LM258 部件 B 运放原理图

3.5　实验任务

按照前述设计步骤绘制原理图库元器件三极管、数码管以及含子部件的与门如图 3.17、3.18 和 3.19 所示。

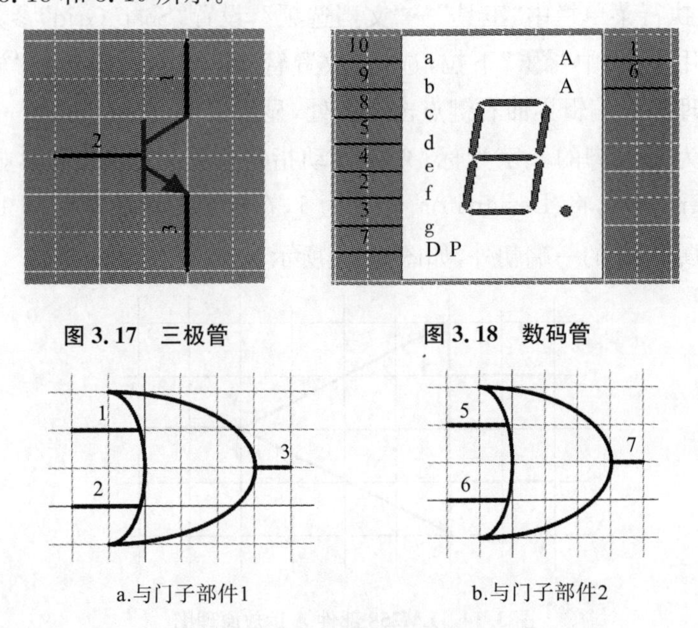

图 3.17　三极管　　**图 3.18　数码管**

a.与门子部件1　　b.与门子部件2

图 3.19　含子部件的与门

电子线路板 PCB 设计

印制电路板(Print Circuit Board,PCB)是以绝缘覆铜板为材料,经过印制、腐蚀、钻孔以及后序处理等工序,在覆铜板上刻蚀出 PCB 图上的导线,将电路中的各种元器件固定并实现各元器件之间的电气连接,实现具有某种功能的线路板。线路板 PCB 包括单层板、两层板和多层板,印制电路板在电子设备中主要有以下作用:

(1)为电路中的各种元器件提供装配、固定的机械支撑;

(2)提供各元器件间的布线,实现电路的电气连接;

(3)提供所要求的电气特性,如特性阻抗等;

(4)为自动焊锡提供阻焊图形;

(5)为元器件插装、检查及调试提供识别字符或图形。

线路板设计流程如图 4.1 所示。

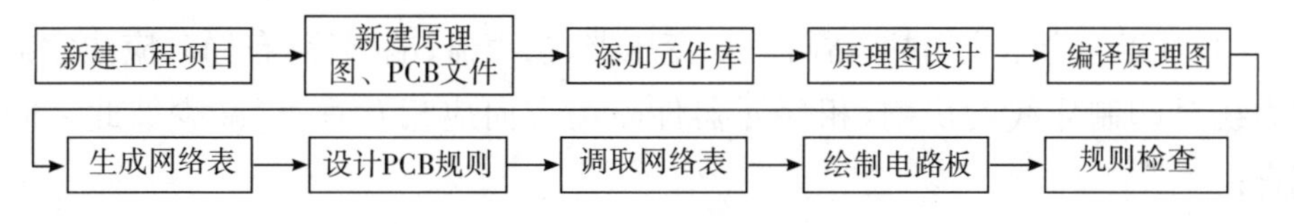

图 4.1 PCB 线路板设计流程

4.1 PCB 设计的基本规则

4.1.1 元器件排列规则

(1)在通常条件下,所有的元器件均应布置在印制电路的同一面上,只有在顶层元器件过密时,才能将一些高度有限并且发热量小的器件,如贴片电阻、贴片电容、贴 IC 等放在底层;

(2)在保证电气性能的前提下,元器件应放置在栅格上且相互平行或垂直排列,以求整齐、美观,一般情况下不允许元器件重叠;元器件排列要紧凑,输入和输出元器件尽量远离;

(3)某元器件或导线之间可能存在较高的电位差,应加大它们的距离,以免因放电、击穿而引起意外短路;元器件在整个板面上应分布均匀、疏密一致;

(4)带高电压的元器件应尽量布置在调试时手不易触及的地方；

(5)位于板边缘的元器件，离板边缘至少有2个板厚的距离；

(6)对于电位器、可变电容器、可调电感线圈或微动开关等可调元器件的布局应考虑整机的结构要求，若是机外调节，其位置要与调节旋钮在机箱面板上的位置相适应；若是机内调节，则应放置在印制电路板于调节的地方。

4.1.2 按照信号走向布局原则

(1)通常按照信号的流程逐个安排各个功能电路单元的位置，以每个功能电路的核心元器件为中心，围绕它进行布局；

(2)元器件的布局应便于信号流通，使信号尽可能保持一致的方向。多数情况下，信号的流向安排为从左到右或从上到下，与输入、输出端直接相连的元器件应当放在靠近输入、输出接插件或连接器的地方。

4.1.3 防止电磁干扰

(1)对辐射电磁场较强的元器件，以及对电磁感应较灵敏的元器件，应加大它们相互之间的距离或加以屏蔽，元器件放置的方向应与相邻的印制导线交叉；

(2)尽量避免高低电压器件相互混杂、强弱信号的器件交错在一起；

(3)对于会产生磁场的元器件，如变压器、扬声器、电感等，布局时应注意减少磁力线对印制导线的切割，相邻元器件磁场方向应相互垂直，减少彼此之间的耦合；

(4)对干扰源进行屏蔽，屏蔽罩应有良好的接地；在高频环境下工作的电路，要考虑元器件之间的分布参数的影响。

4.1.4 抑制热干扰

(1)对于发热元器件，应优先安排在利于散热的位置，必要时可以单独设置散热器或小风扇，以降低温度，减少对邻近元器件的影响；

(2)一些功耗大的集成块、大或特大功率管、电阻等元器件，要布置在容易散热的地方，并与其他元器件隔开一定距离；当双面放置元器件时，底层一般不放置发热元器件；对于一些发热严重的元器件，可以安装散热片；

(3)热敏元器件应紧贴被测元器件并远离高温区域，以免受到其他发热元器件影响，引起误动作。

4.1.5 线路板布线规则

(1)对于导线的宽度，尽量宽一些，最好取15mil以上；

(2)输入端与输出端导线应尽量平行布线,以避免发生反馈耦合;

(3)导线间的最小间距由线间绝缘电阻和击穿电压决定,在条件允许的范围内尽量大一些;

(4)微处理器芯片的数据线和地址线尽量平行布线;

(5)布线时,走线尽量少走弯角,如果需要拐弯,一般取45°走线或圆弧走线。在高频电路中,拐弯时不能取直角或锐角,以防止高频信号在导线拐弯时发生信号反射现象;

(6)在条件允许情况下,尽量使电源和地线粗一些。

4.2　PCB线路板的编辑环境

PCB设计界面与原理图设计界面相似,在软件主界面的基础上添加了菜单栏和工具栏,用于PCB电路板的设置、元器件布局和导线布线等功能。菜单栏与工具栏基本上相对应,通过右键点击编辑界面,弹出快捷菜单中也显示PCB设计常用的一些功能。

4.2.1　启动PCB编辑环境

点击工具栏中"文件(File)"→"新建(New)"→"项目(Project)",打开"PCB工程对话框",如图4.2所示。"PCB工程对话框"中选择"Project Type"→"默认选项<Default>";其他选项为PCB线路板的编辑图纸尺寸。在"Project Name"中设置工程名称和在"Folder"中设置保存路径。

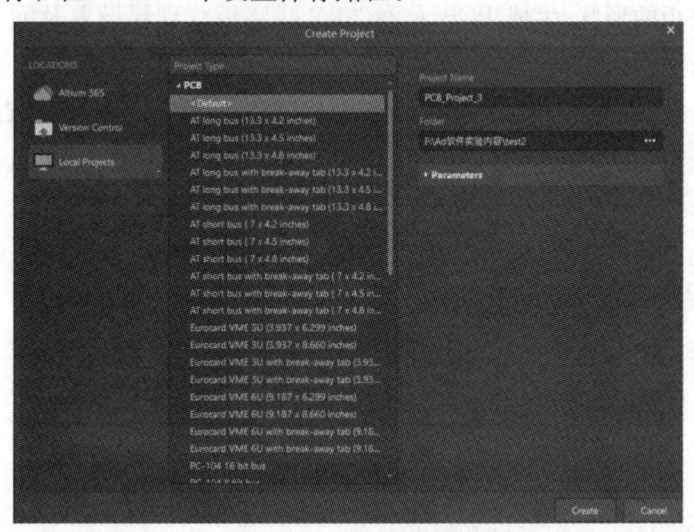

图4.2　PCB工程对话框

在点击工具栏中"文件(File)"→"新建(New)"→"PCB文件"建立PCB文件,

并保存到指定位置。

4.2.2 PCB菜单栏

在PCB设计过程，执行菜单栏中相应的命令来完成，如图4.3所示，菜单栏中的各菜单命令功能如下：

文件(F) 编辑(E) 视图(V) 工程(C) 放置(P) 设计(D) 工具(T) 布线(U) 报告(R) Window(W) 帮助(H)

图4.3 PCB菜单栏

(1)文件(File)：用于新建、打开、关闭、保存文件、导入网络表、导出封装库、导入结构、打印等操作；

(2)编辑(Edit)：用于元器件复制、粘贴、选取、移动、镜像、旋转、删除、对齐等操作；

(3)视图(View)：用于实现对视图的各种管理，如工作窗口的放大与缩小，各种工具、面板、状态栏及节点的显示与隐藏等一些常用视图的操作，以及3D模型及公英制转换等操作；

(4)工程(Project)：用于实现与项目有关的各种操作，如工程项目的新建、打开、保存与关闭、添加已有的文档到项目中、将工程项目中的文档移除及工程项目的编译等操作；

(5)放置(Place)：用于在PCB中放置导线、字符串、焊盘、过孔、铺铜、多边形铺铜挖空以及3D体等操作；

(6)设计(Design)：用于更新原理图到PCB文件、设计PCB设计规则、规则导向、设计线路板的形状、生成PCB元器件库、线路板管理层设置及网络表编辑和清除等操作；

(7)工具(Tool)：用于为PCB设计提供各种工具，如设计规则检查(DRC)、元器件的手动与自动布局、PCB图的密度分析、信号完整性分析、铺铜管理器设置及滴泪等操作；

(8)自动布线(Auto Route)：用于执行PCB元器件的自动布线、优化选中区域元器件的布线、取消布线等操作；

(9)报表(Reports)：用于PCB设计报表、距离测量、测量选中对象及板信息报告等操作；

(10)窗口(Windows)：用于对窗口进行各种操作，如窗口平铺、水平平铺和垂直平铺等；

(11)帮助(Help)：用于打开帮助菜单。

4.3　PCB线路板编辑环境设置

在使用PCB设计线路板前，首先对PCB各种属性和编辑环境进行详细设计，包括PCB物理边框、PCB层数及其属性、PCB板层颜色和PCB编辑器等设置。

4.3.1　PCB物理层

打开PCB文件，进入PCB编辑界面。PCB编辑界面为带有栅格的黑色区域，包括以下13个工作层面，如图4.4所示。

文件(F)　编辑(E)　视图(V)　工程(C)　放置(P)　设计(D)　工具(T)　布线(U)　报告(R)　Window(W)　帮助(H)

图4.4　PCB工作层界面

(1)Top layer(顶层)和Bottom layer(底层)：用于建立电气连接的铜箔层，一般Top layer(顶层)放置元器件，如果是贴片器件，在Top layer(顶层)焊接元器件管脚，如果是直插元器件，在Bottom layer(底层)焊接管脚；

(2)Mechanical(机械层)：它一般用于设置电路板的外形尺寸，数据标记，对齐标记，装配说明以及其他的机械信息；

(3)Top Overlay(顶层丝印层)和Bottom Overlay(底层丝印层)：用于添加电路板的顶层和底层说明文字，一般设置为白色；

(4)Top Paste(顶层锡膏防护层或顶层助焊层)和Bottom Paste(底层锡膏防护层或底层助焊层)：它和阻焊层的作用相似，不同的是在机器焊接时对应的表面粘贴式元器件的焊盘。Altium Designer提供了Top Paste(顶层助焊层)和Bottom Paste(底层助焊层)两个助焊层。主要针对PCB板上的SMD元器件。在将SMD元器件贴PCB板上以前，必须在每一个SMD焊盘上先涂上锡膏，在涂锡用的钢网时一定需要这个Paste Mask文件，菲林胶片才可以加工出来；

(5)Top Solder(顶层阻焊层)和Bottom Solder(底层阻焊层)：在焊盘以外的各部位涂覆一层涂料，通常用的有绿油、蓝油或红油等，用于阻止这些部位上锡。阻焊层用于在设计过程中匹配焊盘，是自动产生的。阻焊层是负片输出，阻焊层的地方不盖油，其他地方盖油；

(6)Drill Guide(过孔引导层)和Drill Drawing(过孔钻孔层)：钻孔层提供电路板制造过程中的钻孔信息(如焊盘和过孔)和钻孔孔径；

(7)Keep-out Layer(禁止布线层)：用于定义在电路板上能够有效地放置元器件和布线的区域。在该层绘制一个封闭区域作为布线有效区域，在该区域外是不能自动布局和布线的；

(8)Multi-layer(多层):电路板上焊盘和穿透式过孔要穿透整个电路板,与不同的导电图形层建立电气连接关系,因此系统专门设置了一个抽象的层,即多层。一般,焊盘与过孔都要设置在多层上,如果关闭此层,焊盘与过孔就无法显示出来。

4.3.2 PCB 边框尺寸设置

对 PCB 边框尺寸进行设置,主要目的是给线路板加工商提供加工线路板形状的依据。进入 PCB 编辑界面,选择"Keep-out Layer(禁止布线层)"后,执行菜单栏中"放置"→"线条"或右键点击 PCB 编辑界面选择"放置"→"线条",如图 4.5 所示。此时,光标变成十字形状,然后将光标移至 PCB 编辑界面,绘制一个封闭的矩形、圆形、椭圆形或不规则的多边形,按"ESC"键退出绘制。

PCB 板尺寸设置与修改主要通过"设计"菜单中"板子形状"子菜单来完成,如图 4.6 所示。

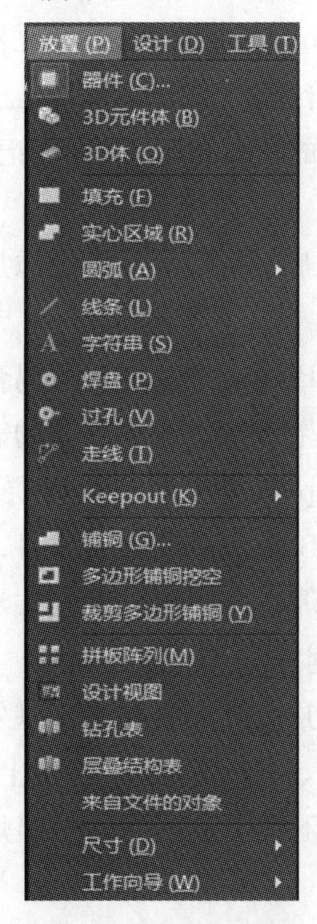

图 4.5 工具栏"放置"

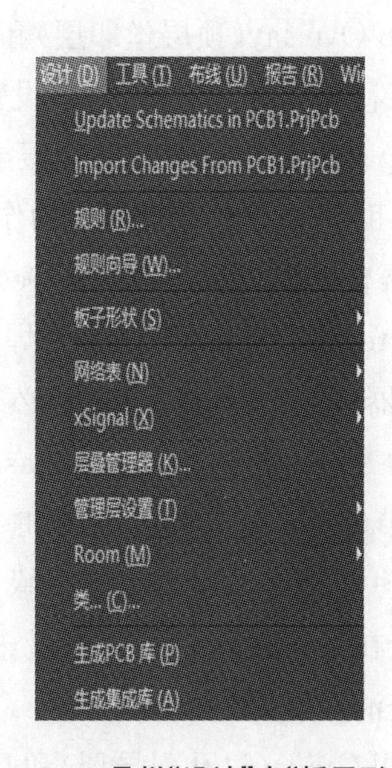

图 4.6 工具栏"设计"中"板子形状"

4.3.3 PCB 电路板图纸属性设置

左键点击 PCB 编辑界面,在 PCB 编辑界面的右侧显示 PCB 编辑界面的"Properties(属性)",弹出"Board(板)"点击下拉键,选择"All Objects(所有目标)”显示线路板编辑界面内所有目标,如图 4.7 所示。

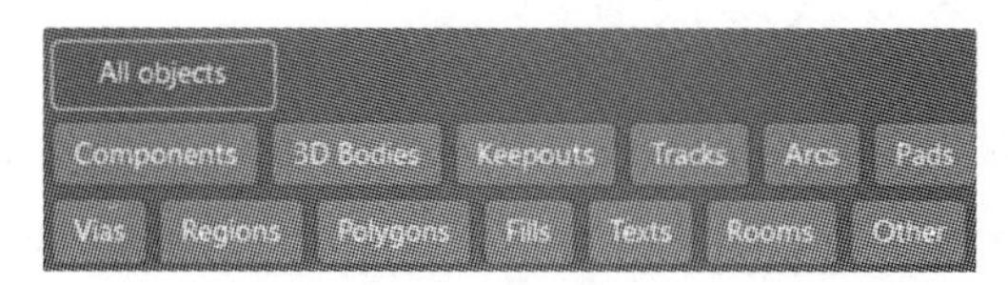

图 4.7　所有目标

单击线路板编辑界面右侧“Properties(属性)”按钮,弹出“Properties(属性)”的“Board(板)”属性编辑对话框,包括“Search(搜索)”“Search Filter(搜索)”及“Snap Options(捕捉选项)”等。

(1)“Search(搜索)”:允许在面板中搜索所需的条目;

(2)“Search Filter(搜索)”:用于设置过滤对象;点击下拉键选择所示对象选择过滤器;

(3)“Snap Options(捕捉选项)”:设置图纸是否开启捕捉功能,如图 4.8 所示。

“Snap To Grid(捕捉栅格)”:勾选该复选框,实现捕捉网格功能;

“Snap To Guides(捕捉到导向线)”:勾选该复选框,实现捕捉网格功能;

“Snap To Axis(捕捉到坐标)”:勾选该复选框,实现捕捉坐标功能;

“Snapping”中设置所有层、当前层或关闭所有层捕捉;“Snap Distance(捕捉间距)”设置捕捉距离,“Axis Snap Range”设置轴坐标捕捉范围。

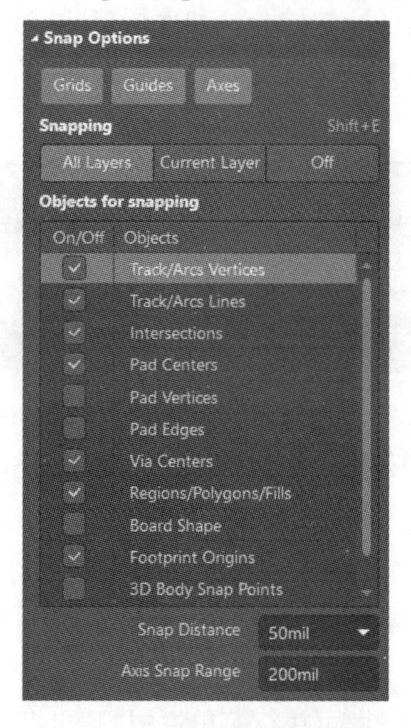

图 4.8　捕捉选项编辑对话框

4.3.4　PCB 电路板板层设置

对线路板设计前，先对电路板的层数及属性进行设置，显示层包括“所有层(All Layers)”“信号层(Signal Layers)”“平面层(Plane Layers)”“非信号层(Nonsignal Layers)”和“机械层(Mechanical Layers)”，执行菜单栏“Designer”→“管理层设置”显示层，如图 4.9 所示。

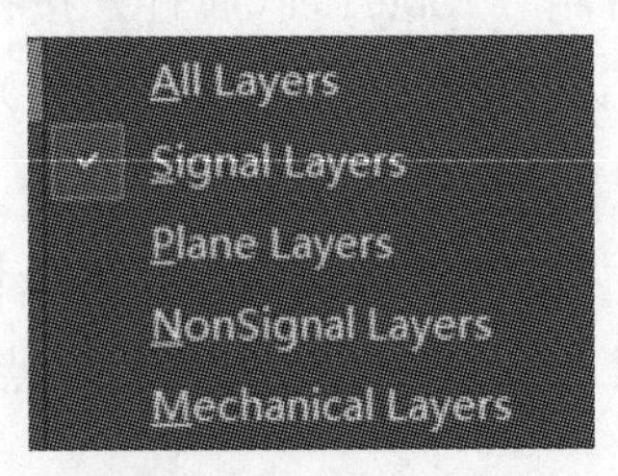

图 4.9　“管理层设置”显示层

电路板层数设置的操作过程如下：

(1)执行菜单栏中的“Designer(设计)”→“层叠管理器(Layer Stack Manager)”命令，“层叠管理器(Layer Stack Manager)”对话框如图 4.10 所示。在对话框中执行增加层、删除层、移动层所处的位置及对各层的属性设置；

(2)由图 4.10 所示的“层叠管理器(Layer Stack Manager)”可以看出，当前 PCB 图结构图默认为顶层(Top Layer)和底层(Bottom Layer)两层。左键双击“Name”中“顶层(Top Overlayer)”，打开“顶层(Top Overlayer)”的“属性(Properties)”对话框，如图 4.11 所示；

#	Name	Material	Type	Weight	Thickness	Dk	Df
	Top Overlay		Overlay				
	Top Solder	Solder Resist	Solder Mask		0.4mil	3.5	
1	Top Layer		Signal	1oz	1.4mil		
	Dielectric 1	FR-4	Dielectric		12.6mil	4.8	
2	Bottom Layer		Signal	1oz	1.4mil		
	Bottom Solder	Solder Resist	Solder Mask		0.4mil	3.5	
	Bottom Overlay		Overlay				

图 4.10　“层叠管理器(Layer Stack Manager)”对话框

(3)在“顶层(Top Overlayer)”的“属性(Properties)”对话框内修改 Top Overlayer 的名称等信息；

(4)执行工具栏“工具(Tools)”→“Presets”，通过选择实现添加层数或者删除层数的功能，如图 4.12 所示。PCB 设计中最多添加 16 层，其中 8 个信号层，8 个电源层和地线层；

(5)显示各层的面板特性，可执行菜单栏中“Tools”→“Layer Stack Visualizer(层叠可视化)”，如图 4.13 所示；显示“Top Overlay”“Dielectric”及“Bottom Overlay”的尺寸结构。

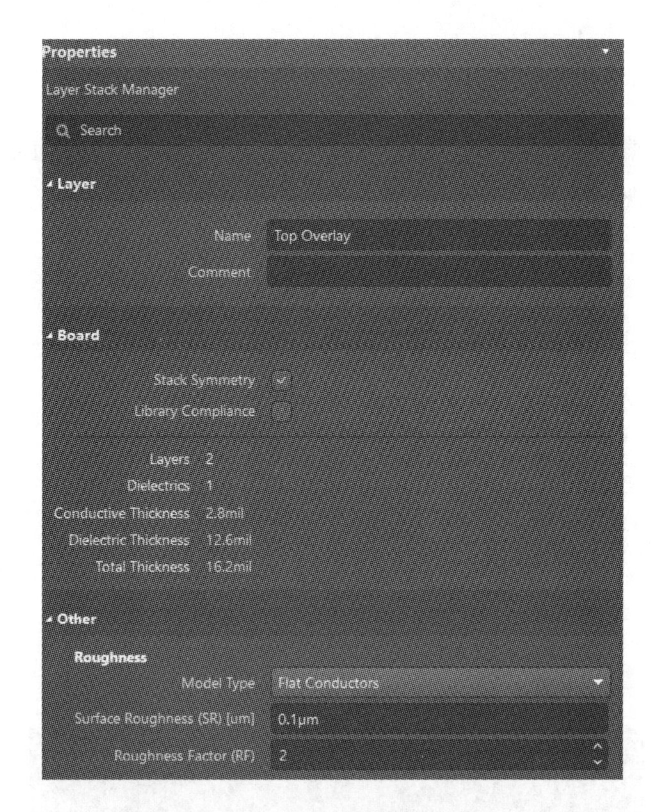

图 4.11　“顶层(Top Overlayer)”的“属性(Properties)”对话框

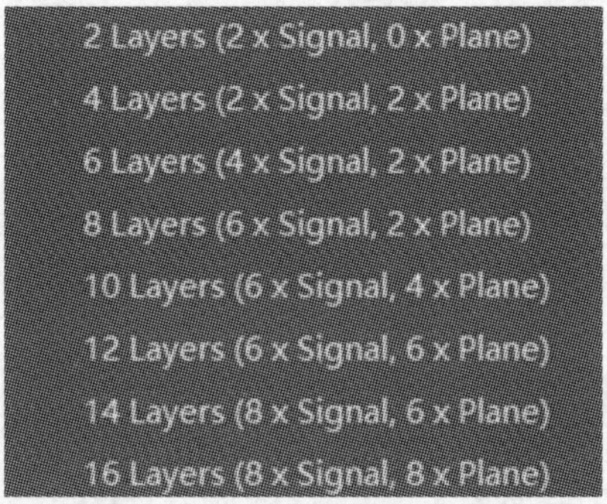

2 Layers (2 x Signal, 0 x Plane)
4 Layers (2 x Signal, 2 x Plane)
6 Layers (4 x Signal, 2 x Plane)
8 Layers (6 x Signal, 2 x Plane)
10 Layers (6 x Signal, 4 x Plane)
12 Layers (6 x Signal, 6 x Plane)
14 Layers (8 x Signal, 6 x Plane)
16 Layers (8 x Signal, 8 x Plane)

图 4.12　PCB 层选择对话框

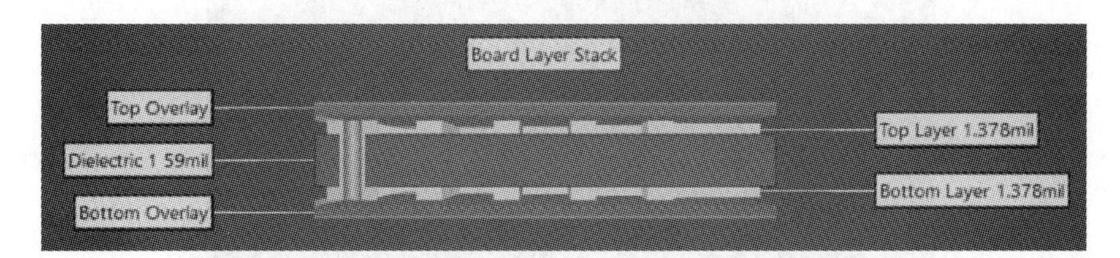

图 4.13　两层“Layer Stack Visualizer(层叠可视化)”对话框

4.3.5 PCB电路板显示与颜色设置

点击PCB编辑界面的右下角"Panels(面板)",如图4.14所示,选择"View Configuration(视觉配置)"弹出对话框如图4.15所示。

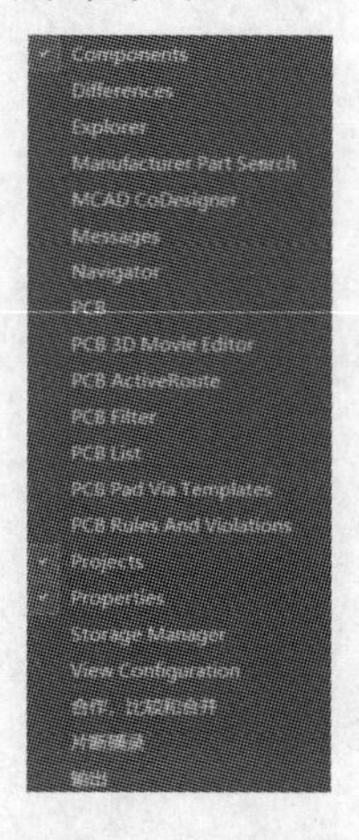

图4.14 "Panels(面板)"对话框

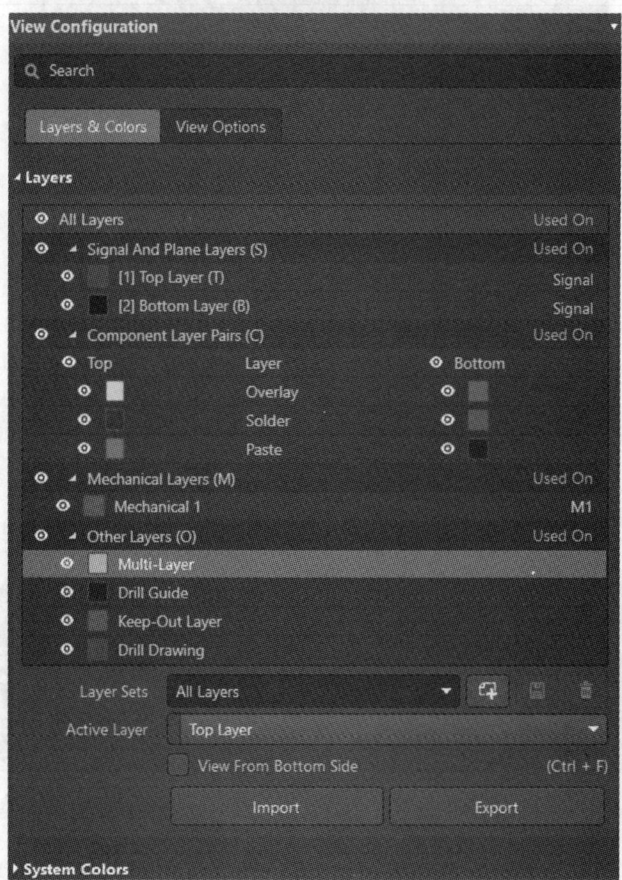

图4.15 "View configuration(视觉配置)"对话框

“View Configuration(视觉配置)”对话框包括 PCB 线路板层颜色的设置和层选择显示两部分。

(1)点击“[1]Top Layer(T)”右侧的■,显示可选择的颜色列表如图 4.16 所示,点击所需要选择的颜色即可,采用同样方向进行其他层颜色设置;

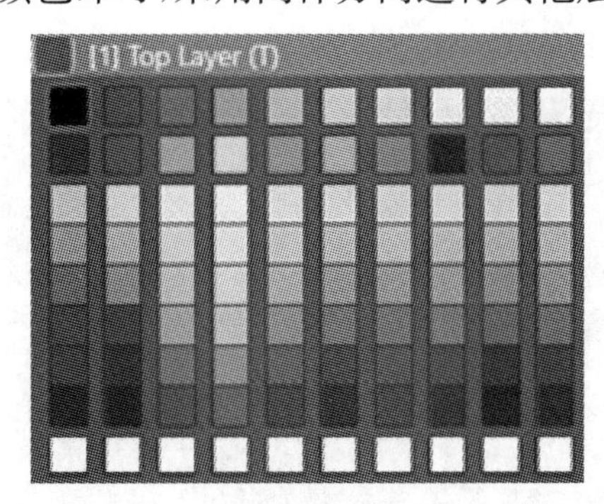

图 4.16　可选择颜色列表

(2)点击“View Configuration(视觉配置)”对话框中 Layer Sets All Layers 的下拉键,选择“All Layers”“Signal Layers”“Plane Layers”“Nosignal Layers”和“Mechanical Layers”;例如:选择“Signal Layers”后 PCB 编辑界面只显示“顶层(Top Layers)”“底层(Bottom Layers)”和“多层(Multi－Layer)”的信息,其他层信息隐藏。

4.3.6　PCB 布线区尺寸设置

通过菜单“文件(Files)”→“新建(New)”→“PCB 文件”建立 PCB 文件,确定 PCB 编辑板形,并无线路板布线区;如果要用 Altium Design 20 软件提供的自动布线和自动布线功能,让 PCB 线路板加工厂商加工设计者所需要的尺寸,就需要创建一个布线区域,PCB 布线区尺寸设置主要步骤如下:

(1)单击 PCB 编辑区的下方“Keep-out Layer(禁止布线层)”,使该层处于当前显示的工作窗口;

(2)执行菜单栏中“放置(Place)”→“Keepout(禁止布线)”选择“线径”选项,此时,光标处于十字形状,移动光标在 PCB 编辑界面的“Keep-out Layer(禁止布线层)”绘制一个封闭的多边形,点击“Esc”键退出或右键退出该操作;

(3)完成布线区的设置,将元器件移至布线区内,并且排放好元器件的位置,进行自动布线操作。

4.3.7　PCB 编辑器的设置

在“参数选择”对话框中对一些与 PCB 编辑器窗口相关的系统参数进行设置,设置后的系统参数将用于这个工程的设计环境,并不随 PCB 文件的改变而改变。

执行菜单“工具(Tools)”→“优先选项(Preferences)”命令，打开“参数选择(Preferences)”对话框或右键点击 PCB 编辑器窗口的空白区，弹出的快捷键菜单中选择“选项(Options)”→“优先选项(Preferences)”，如图 4. 17 所示。该对话框主要需要设置的选项有“常规(General)”“显示(Display)”“层颜色(Layer Color)”“默认值(Defaults)”和“PCB 的 3D 图(PCB Legacy 3D)”。

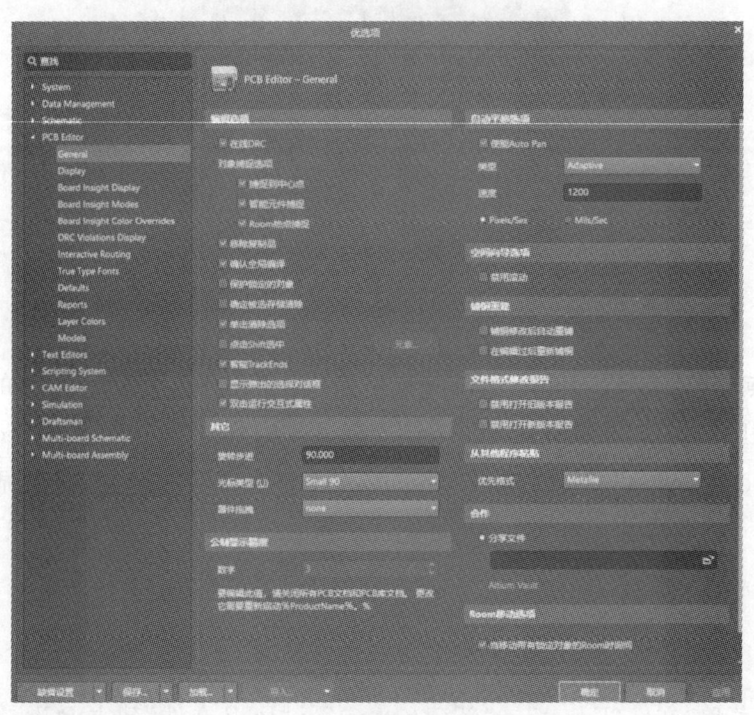

图 4. 17 “参数选择”对话框

(一)常规(General)

1.“编辑选项”选项

“在线 DRC”选项：不选择该选项时，用户通过执行“工具(Tools)”→“设计规则检查”命令，在“设计规则检查”属性对话框中进行查看。PCB 设计规则在执行菜单栏中“设计(Design)”→“规则(Rules)”的对话框中设计；当选中该选项，所有违反 PCB 设计规则的地方都将被标记出来。

2.“对象捕捉选项”选项

捕捉到中心点(Snap to Center)选项：选中该选项，鼠标捕捉点将自动移动对象的中点，对焊盘或过孔而言，鼠标捕捉点将移到焊盘或过孔的中点；而对元器件来说，光标将移到元器件的第一个管脚；对导线而言，鼠标将移到导线的一个顶点；

智能元器件捕捉选项：选中该选项，当选中元器件时光标将自动移动离点击处最近焊盘上；当取消该选项时，选中的元器件光标将自动移到元器件的第一个管脚的焊盘处；

移除复制品选项：选中该选项时，当数据进行输出时将同时产生一个通道，这个通道将检测通过的数据并将重复的数据删除；

单击清除选项：选中该选项，用户单击选中一个对象，然后去选择另一个对象时，上一个选中对象将恢复未被选中的状态；当取消该选项，系统将不清除上一次的选中记录；

“点击 Shift 选项”：选中该选项，用户需要按 Shift 键的同时单击所要选择的对象才能选中该对象，通常取消该选项选中状态。

3.“其他”选项

旋转步进文本框：调整元器件的方向时，可以按“空格键(Space)”改变元器件的放置角度，通常保持默认的 90°角设置；

光标类型：通过下拉选择 PCB 编辑区域光标的大小类型，包括 Large90°、Small90°和 Small45°；

器件拖曳：通过下拉选择“none”和“Connected Tracks”，选择进行元器件拖动的同时是否也拖动元器件连接的导线，一般情况选择“none”。

(二)显示(Display)

显示(Display)选项包括“显示选项”“高亮选项”和“层绘制顺序”，如图 4.18 所示。

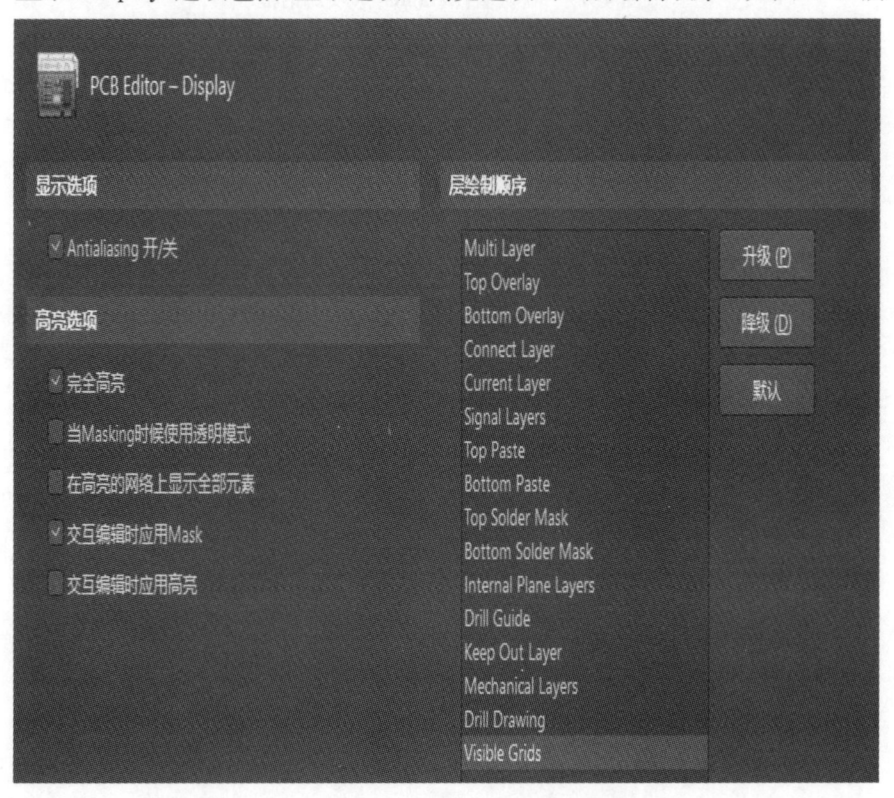

图 4.18　显示(Display)选项对话框

(三)默认值(Defaults)选项

“默认值(Defaults)”选项用于设置 PCB 设计中用到的各个对象的默认值,如图 4.19 所示。通常情况下,设计者不需要对“默认值(Defaults)”选项进行设置。

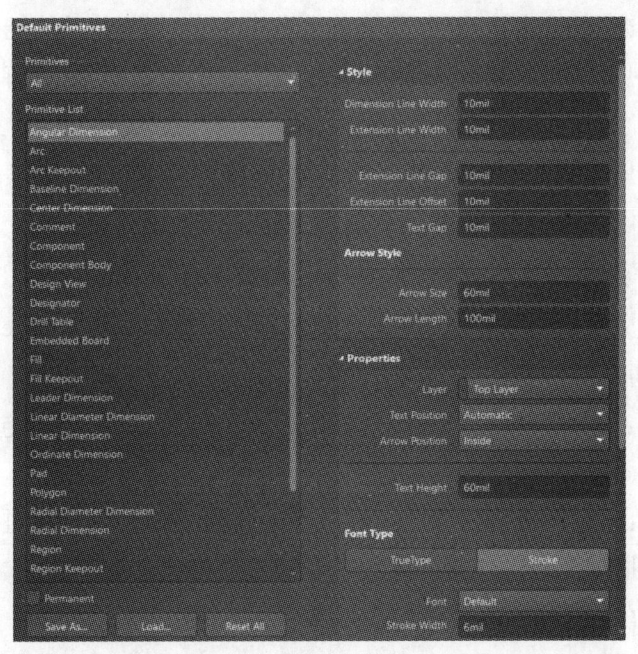

图 4.19 默认值(Defaults)选项对话框

(四)层颜色(Layer Colors)选项

“层颜色(Layer Color)”设置项可以选择各层的颜色,如图 4.20 所示。

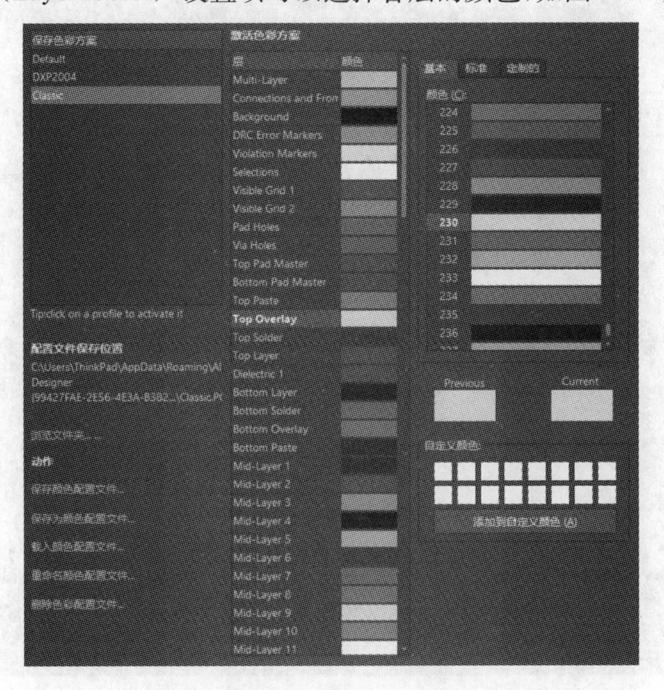

图 4.20 层颜色(Layer Color)选项对话框

4.4　在线路板编辑器中导入原理图网络报表

网络表是原理图的精髓，是原理图与PCB图之间的联系纽带，原理图的信息可以通过生成网络表并导入PCB之中，实现原理图与PCB之间信息同步。

4.4.1　元器件封装库的加载

由于Altium Designer 2020采用集成元器件库，通常在原理图设计时便装载了元器件的PCB封装模型；但Altium Designer 2020也支持单独添加封装库文件，只要PCB文件中有一个封装不是集成元器件中的元器件，设计者就需要单独装载该元器件所在的库文件。

原理图元器件的引脚名称和引脚数量应该与该元器件PCB封装相同，否则PCB装载网络表出现错误，如图4.21所示，原理图电阻引脚名称为1和16，而元器件贴片封装的引脚名称为1和2，两者名称不对应，因此，会出现错误。

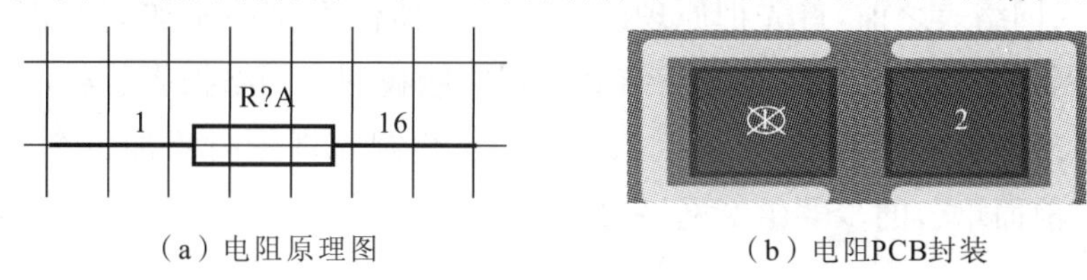

（a）电阻原理图　　（b）电阻PCB封装

图4.21　电阻原理图及其封装

4.4.2　元器件封装库的加载

同步设计是Protel系列电路绘图软件最基本的设计方法，所谓同步设计就是原理图与PCB文件在任何条件下都保持同步，也就原理图上元器件的电气连接与PCB上元器件电气连接完全相同。在Altium Designer软件中通过同步器实现该功能。

完成原理图与PCB线路板绘制的同步更新主要步骤如下：

(1)执行菜单“项目(Project)”→“项目选项(Project Options)”，打开“可供选择的线路板项目(Options for PCB Project)”对话框，点击对话框中“比较(Comparator)”选项卡标签，如图4.22所示；

(2)点击“设置成安装缺省(Set to Installation Defaults)”按钮，将恢复该对话框中原来的设置，单击Ok即可完成同步比较规则的设置。

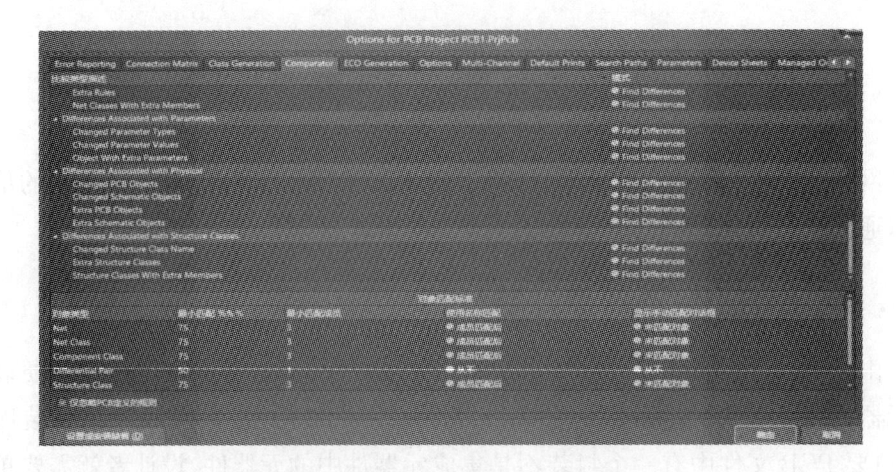

图 4.22 "可供选择的线路板项目"对话框

4.4.3 从 PCB 导入网络报表

在导入网络表之前，首先把原理图中所有元器件库文件添加到工程项目中，保证原理图中元器件的封装在网络装载过程中能找到。网络报表装载过程如下：

(1)原理图单片机系统，如图 4.23 所示，在绘制原理图时添加每个元器件的封装，按照前面章节的步骤生产网络报表；

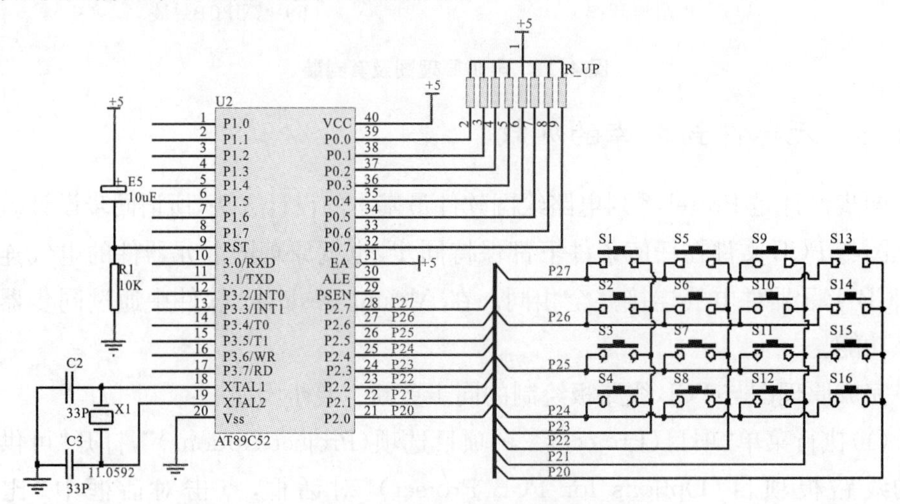

图 4.23 单片机系统原理图

(2)在 PCB 编辑界面，执行菜单栏中"设计"→"从项目文件更新(Import Changes From PCB1. PrjPcb)"命令，如图 4.24 所示；

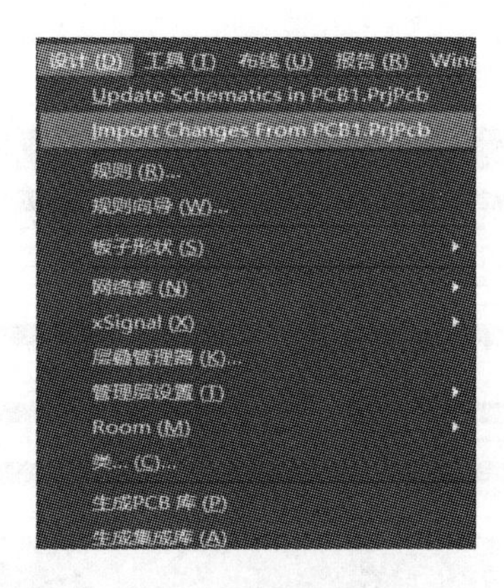

图 4.24　“从项目文件更新”对话框

(3)执行上述命令后,系统弹出“工程变更指令(Engineering Change Order)”对话框,如图 4.25 所示。

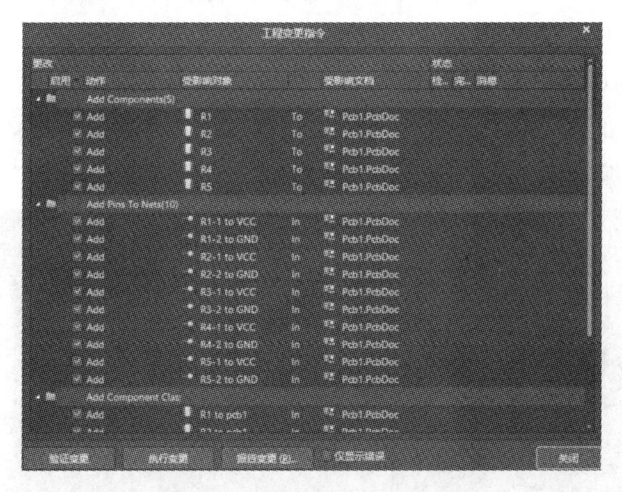

图 4.25　“工程变更指令”对话框

“工程变更指令”对话框主要包括“Add Components”“Add Pin to Nets”“Add Components Classes”和“Add Rooms”;

(4)点击对话框中的“验证变更”按钮,系统将检查所有的更改是否有效,如果有效将在右边的“检查(Check)”栏对应位置打钩“☑”;如果有错误,右边的“检查(Check)”栏显示红色错误标识;主要错误为:①元器件的封装不正确,软件找不到给定的元器件封装;②设计 PCB 时没有添加元器件封装库文件。此时,需要返回原理图中对提示有错误的元器件进行修改或添加元器件库文件,直到错误修改完,点击“验证变更”后右边的“检查(Check)”栏对应位置打钩“☑”;

(5)点击对话框中的“报告变更”按钮,弹出报告预览对话框,如图 4.26 所示,通过该对话框可以打印输出该报告;

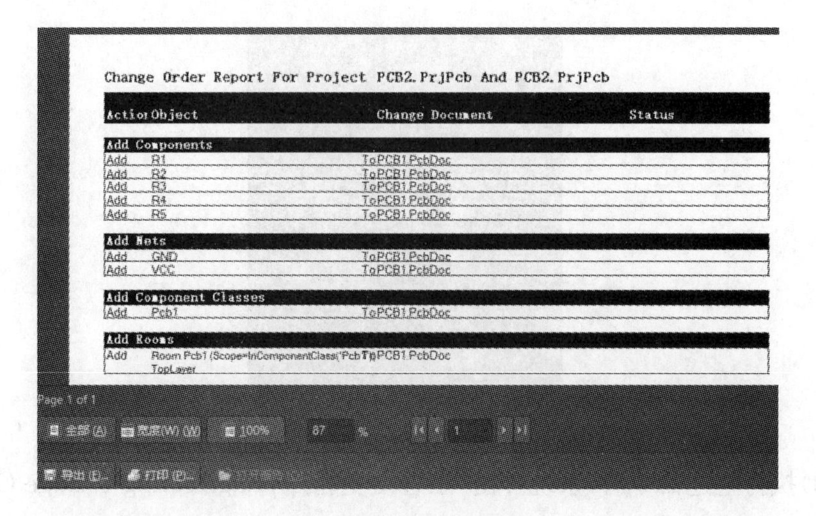

Change Order Report For Project PCB2.PrjPcb And PCB2.PrjPcb

Actio	Object	Change Document	Status
Add Components			
Add	R1	ToPCB1.PcbDoc	
Add	R2	ToPCB1.PcbDoc	
Add	R3	ToPCB1.PcbDoc	
Add	R4	ToPCB1.PcbDoc	
Add	R5	ToPCB1.PcbDoc	
Add Nets			
Add	GND	ToPCB1.PcbDoc	
Add	VCC	ToPCB1.PcbDoc	
Add Component Classes			
Add	Pcb1	ToPCB1.PcbDoc	
Add Rooms			
Add	Room Pcb1 (Scope=InComponentClass('Pcb1')) TopLayer	ToPCB1.PcbDoc	

图 4.26　报告预览对话框

(6)点击“工程变更指令(Engineering Change Order)”对话框中“执行变更(Execute Changes)”按钮,系统执行所有的更改操作。如果执行成功,对话框中“状态(Status)”的“完成(Done)”列表栏被打钩“☑”;原理图中电阻及其电气导线连接进入 PCB 编辑界面中,如图 4.27 所示。

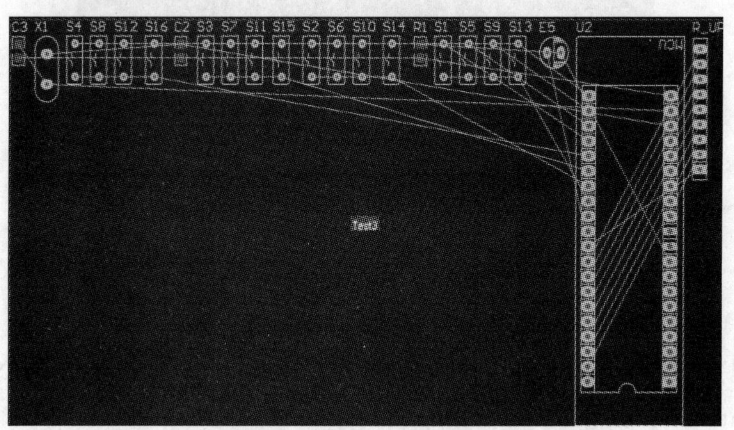

图 4.27　加载网络报表和元器件封装的 PCB 图

4.4.4　原理图与 PCB 文件同步更新

在原理图编辑环境下绘制好原理图并添加每个元器件的封装后,创建 PCB 文件并保存,原理图和 PCB 文件需要在工程文件下才能从原理图中的网络表更新到 PCB 文件。

(1)执行工具栏“设计(Design)”→“Update PCB Document PCB1. PcbDoc”更新 PCB 文件,如图 4.28 所示;

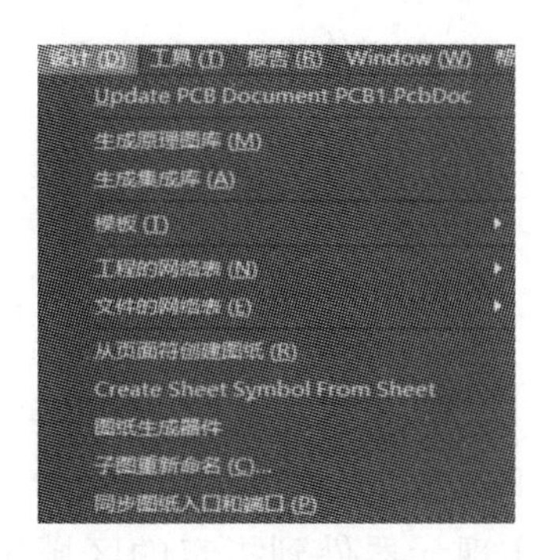

图 4.28　"设计"对话框

(2)执行上述命令后，系统弹出"工程变更指令(Engineering Change Order)"对话框，如图 4.25 所示，按照 4.4.3 节内容导入元器件进入 PCB 编辑界面；

(3)当 PCB 编辑界面和原理图中元器件及电气连接没有修改，再次执行工具栏"设计(Design)"→"Update PCB Document PCB1. PcbDoc"更新 PCB 文件，弹出对话框，如图 4.29 所示，即比较原理图文件和 PCB 文件，没有发现差别。

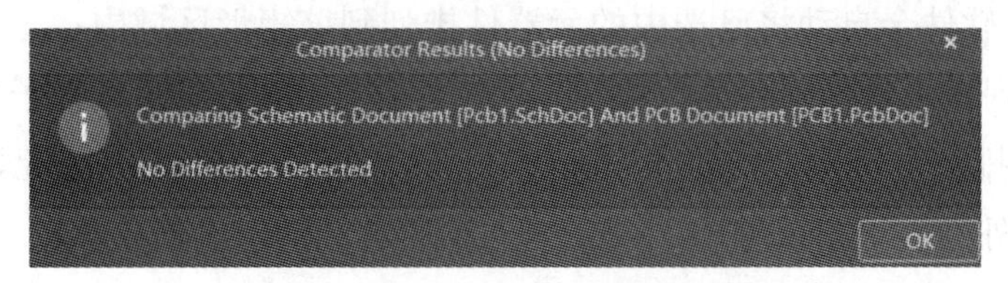

图 4.29　"Comparator Results"对话框

4.5　PCB 元器件布局设计

在完成 PCB 网络报表的导入后，元器件在 PCB 编辑界面中的摆放需要调整，以满足"整齐、美观、对称和元器件密度平均"的电路板元器件摆放整体要求。Altium Designer 2020 提供两种元器件布局的方法，即自动布局法和手动布局法。

4.5.1　元器件自动布局

元器件自动布局方法适合于元器件比较多的电路板设计，Altium Designer 2020 提供了强大的自动布局功能，设置合理的元器件布局规则参数后，PCB 编辑器根据一套智能算法，自动地将元器件放置到规划好的布局区域内进行合理的布局，采用自动布局将大大提高电路设计的效率。自动布局的步骤如下：

(1) 在 PCB 编辑界面内，执行工具栏"工具(Tools)"→"元器件摆放(Component Placement)"，打开与自动布局有关的子菜单项，如图 4.30 所示；

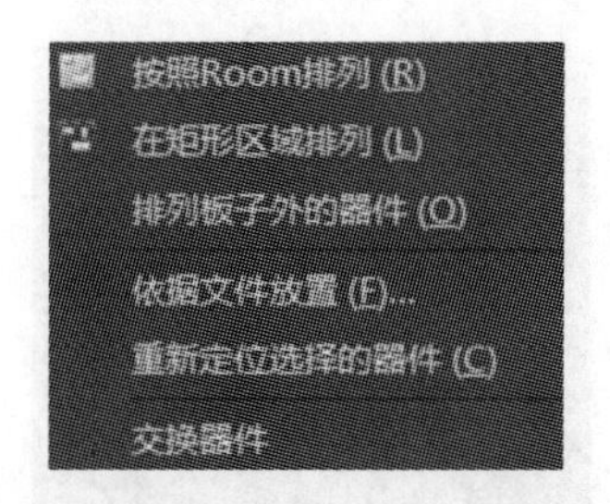

图 4.30 “元器件摆放”子菜单

(2)“按照 Room 排列”实现元器件到指定的区域排列功能。选择该选项后，光标变为十字形状，在需要排列元器件的区域单击后元器件会自动地排列到该区域内部；

(3)“在矩形区域排列”实现将选中的元器件到矩形区域内排列功能。首先选中需要排列的元器件后，选中该选项，光标变为十字形状，在要放置元器件的区域内单击确定矩形区域一个顶点，拖到光标至矩形区域的另一个顶点再次单击，确定矩形区域，软件会自动将已选中的元器件排列到该矩形区域内；

(4)“排列板子外的器件”实现将选中的元器件排列到 PCB 板子的外部。首先选中需要排列的元器件后，选中该选项，软件自动地将选中的元器件排列到 PCB 范围以外的右下角区域内；

(5)“重新定位选择的器件”实现重新排放所选择的器件。

4.5.2 元器件自动布局约束参数

在自动布局前，需要设置自动布局的约束参数。执行菜单栏的“工具”→“规则”，弹出“PCB 规则及约束编辑器”对话框，如图 4.31 所示。点击对话框中“摆放(Placement)”中的“元器件间距(Component Clearance)”设置元器件摆放时两个元器件之间的最小间距，如图 4.32 所示。

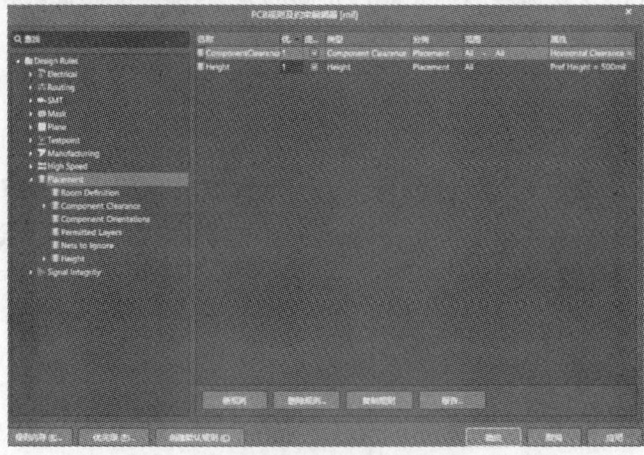

图 4.31 “PCB 规则及约束编辑器”对话框

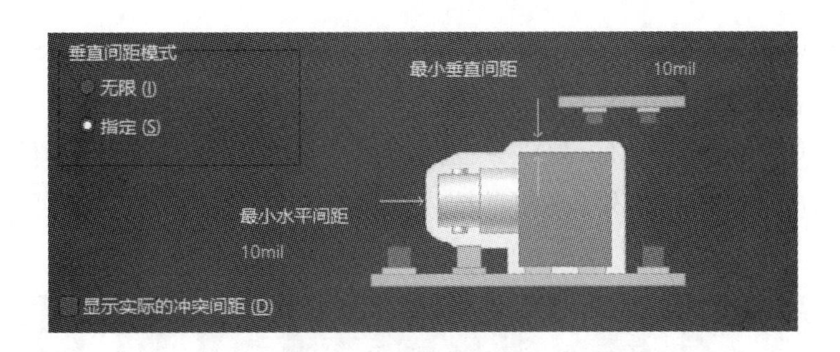

图 4.32　“元器件间距限制”对话框

4.5.3　元器件手动布局

自动摆放元器件后，需要手动方式对元器件进行局部调整，以满足实际需要。为了便于查找元器件，经常将相同的元器件摆放在一起，如电阻、电容等，用查找相似元器件的功能实现，步骤如下：

(1)执行菜单栏“编辑(Edit)”→“查找相似对象”命令，光标变成十字形，在PCB编辑窗口左键点击一个按键，Altium designer 2020 软件弹出“查找相似对象”对话框，如图 4.33 所示；

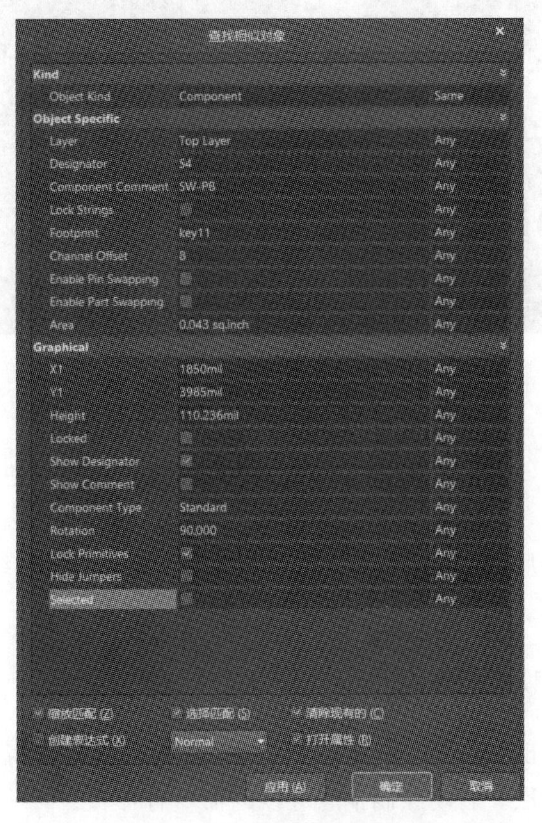

图 4.33　“查找相似对象”对话框

2)在对话框中的“Footprint”栏中点击“Any”弹出可选项，选择“Same”，点击“确定”按钮后，在PCB编辑界面中所有按键处于选中状态；

3)执行菜单栏“工具(Tools)”→“器件摆放”→“摆放板子外的器件”命令，所有“按键”都自动摆放板子外，或左键按住任何一个按键并拖至板子外，以便于寻找，如图4.34所示。

图4.34　选中所有“按键”

根据原理图调整元器件的位置，执行“设计”→“板子形状”→“按照选择对象定义”命令，确定PCB线路板的外侧物理边界，定义电路板的尺寸，如图4.35所示。

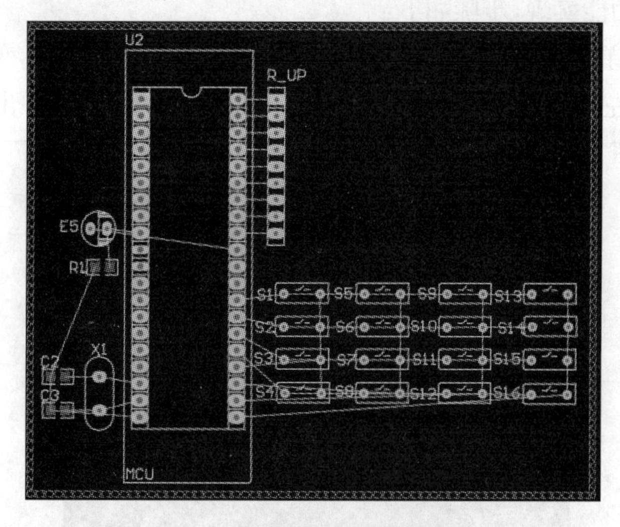

图4.35　元器件的手动布局结果

4.6　PCB图绘制

将元器件布局后，需要对PCB进行绘制，包括绘制铜膜导线、添加过孔、文字标注和覆铜等操作。

4.6.1　绘制铜膜导线

在绘制导线之前，先单击PCB编辑界面底端的层，选择需要放置导线的层，并将其设定为当前层。启动绘制铜膜导线的命令有：

(1)执行菜单栏中“放置”→“走线”命令；

(2)执行菜单栏中“视图”→“工具栏”→“布线”命令，打开“布线”界面。点击

“布线”界面中“交互式布线连接”按钮；

(3)右键点击 PCB 编辑界面内，弹出右键菜单中选择“放置”→“走线”命令；

(4)使用快捷键“P+T”。

启动绘制命令后，光标由箭头变成十字形。

(1)在指定元器件引脚点击左键确定导线的起始位置；

(2)移动光标绘制导线，当导线需要拐弯时，在拐弯处点击左键确定，然后继续绘制导线，到导线终点处点击左键，确定导线的终点；

(3)此时，光标仍处于十字状态，按照上述方法可以继续绘制导线，点击鼠标的右键或“Esc”键退出绘制导线状态。

4.6.2　导线属性设置

在导线绘制过程中点击键盘中“Tab”键，或者在放置导线后左键点击导线，在 PCB 编辑界面的右侧弹出导线属性的界面，如图 4.36 所示。在导线属性界面中可以设置导线宽度、导线所处层、起始位置、终止位置及网络等信息。

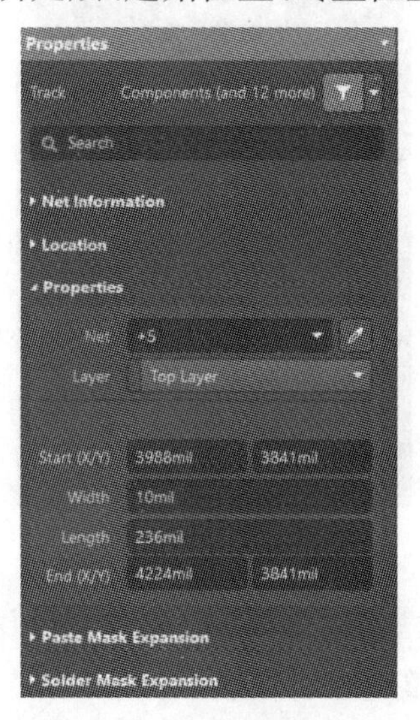

图 4.36　导线的属性对话框

绘制直线与绘制覆铜导线方法基本相同，但是直线没有电气属性，启动绘制直线指令如下：

(1)执行菜单栏中的“放置”→“线条”命令；

(2)点击“应用工具”工具栏中的下拉键，选择下拉菜单中“直线”；

(3)应用快捷键“P+L”。

4.6.3　放置元器件封装

在 PCB 编辑界面里可以直接添加元器件封装，启动放置元器件封装的指令如下：

(1)执行菜单栏中"放置"→"器件"命令；

(2)点击"布线"工具栏中的▣按钮；

(3)在PCB编辑界面内点击右键，弹出快捷菜单选择"放置"→"器件"命令；

(4)使用快捷键"P+C"。

执行上述指令后，PCB编辑界面右侧弹出PCB元器件库，在元器件库中选择所需要的元器件。左键双击所需要的元器件后，光标由箭头变成带该元器件的十字光标，在PCB编辑界面中点击左键确认放置。在放置元器件前点击键盘中"Tab"键，PCB编辑界面右侧弹出PCB元器件属性，例如放置一个电阻，它的属性如图4.37所示。在元器件属性中可以设置"标识符(Designator)"和"注释(Comment)"，点击"层(Layer)"的下拉按钮调整电阻所在层等。

图4.37 电阻属性

在元器件属性中可以设置"标识符(Designator)"和"注释(Comment)"，点击"层(Layer)"的下拉按钮调整电阻所在层。

选择属性中"Swapping Options(交换选项)"的"Enable Pin Swapping"，如图4.38所示。可以修改电阻每个引脚的"标识符(Designator)"等特性。

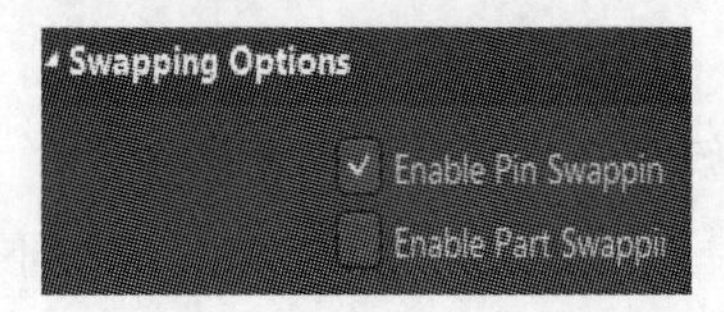

图4.38 "Swapping Options(交换选项)"对话框

点击电阻引脚1，该引脚"属性(Properties)"如图4.39所示，在"标识符(Designator)"后文本框中输入所需要设置的名称；点击"Layer"后下拉按钮选择引脚所在的层;点击“Net”后下拉按钮选择该引脚的网络标号,如图4.40所示,连接网络标号后引脚1就和其元器件的引脚产生电气联系;点击“ ”时锁定该引脚。

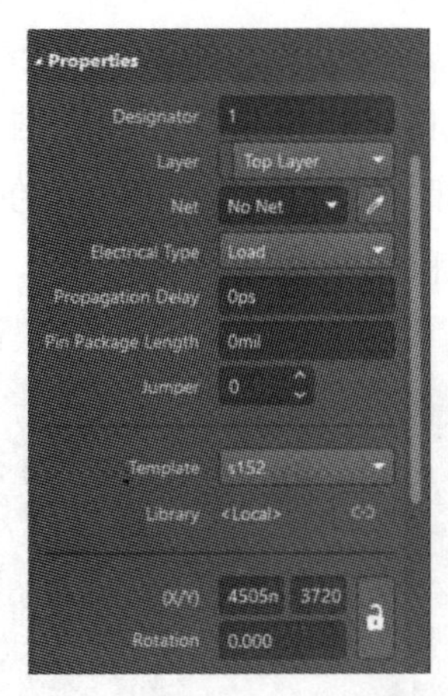

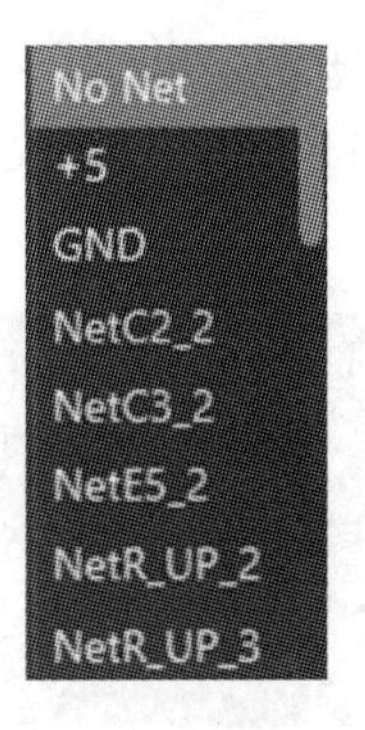

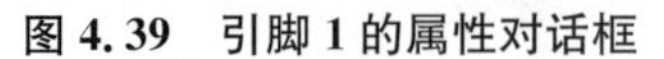

图4.39　引脚1的属性对话框　　　　**图4.40　网络标号对话框**

点击电阻引脚1,该引脚“Pad Stack”如图4.41所示。点击“Shape”后下拉键选择引脚1的形状;设置“(X/Y)”中参数调整引脚1的大小。

图4.41　引脚的“Pad Stack”对话框

4.6.4　放置过孔

过孔主要为了连接不同板层之间导线,以便实现合理的布线。启动放置过孔指令主要有:

(1)执行菜单栏“放置”→“过孔”命令;

(2)单击“布线工具栏”中按钮；

(3)使用快捷键“P+V”。

把过孔放置在导线上或放置在元器件的引脚上，过孔自动地获取放置对象的网络标号，使过孔获得电气属性，或者点击放置好的过孔，在PCB编辑窗口的右侧“Definition”，如图4.42所示，点击“Net”右侧的下拉键选择过孔的网络标号，获得过孔的电气连接。点击“Via Stack”打开对话框如图4.43所示，在对话框中“Diameter”和“Hole Size”后文本框中修改直径和孔径。

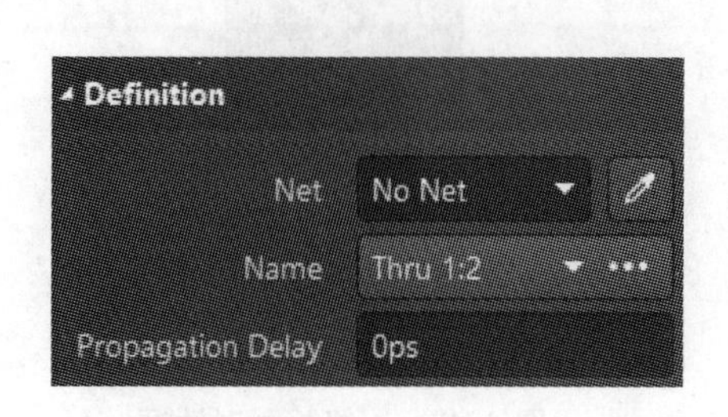

图4.42 “Definition”对话框

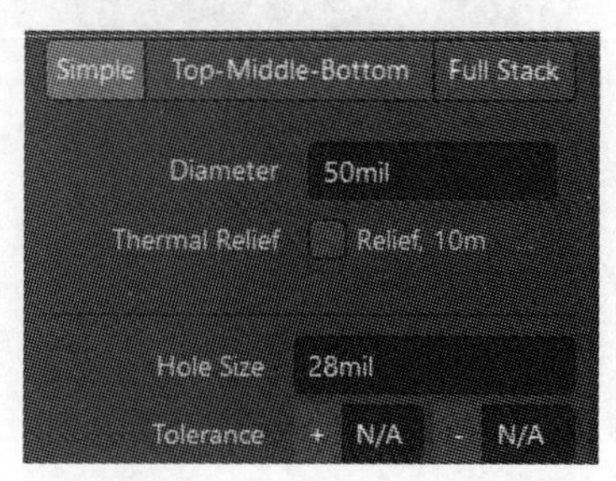

图4.43 “Via Stack”对话框

4.6.5 放置文字标注

文字标注用文字解释和说明PCB电路板的功能及注意事项等。放置文字标注的指令包括：

(1)执行菜单栏“放置”→“字符串”命令；

(2)点击“布线”工具栏中“放置字符串”按钮；

(3)使用快捷键“P+S”；

(4)右键点击PCB编辑窗口，弹出快捷菜单后选择“放置”→“字符串”命令。

启动放置文字标注命令后，光标由箭头变成十字形并带有一个字符串虚影，将光标放到需要放置文字标注的地方，点击左键放置文字，此时，光标仍处于放置字符串状态，点击左键可以继续放置字符串。

在放置状态下点击键盘中“Tab”键，或者左键双击放置好的字符串，在PCB编辑界面右侧弹出文字字符串的属性，如图4.44所示。

(1)“Text”：文本框中设置标注内容，可以自定义输入文字，也可以单击选择字符串；

(2)“Text Height”：文本框中设置字符串的长度；

(3)“Layer”：选择文字标注所在的层，一般设置为“Top Overlayer”；

(4)“Font Type”：主要设置字体，包括字体大小、字形及字体等。

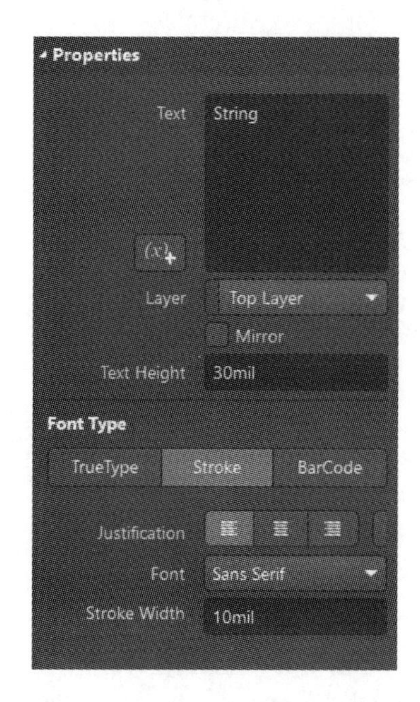

图 4.44　文字字符串属性对话框

4.6.6　绘制圆弧及圆

绘制圆弧有“中心法绘制圆弧”“边缘法绘制圆弧”和“绘制任何角度的圆弧”，本节以“中心法绘制圆弧”为例介绍绘制圆弧的方法，其他圆弧的绘制方法相同。启动中心法绘制圆弧命令有：

(1)执行菜单栏“放置”→“圆弧(中心)”命令；

(2)点击“布线”工具栏中“放置字符串”按钮；

(3)使用快捷键“P+S”；

(4)右键点击 PCB 编辑窗口，弹出快捷菜单后选择“放置”→“圆弧(中心)”命令。

绘制圆弧的过程如下：

(1)启动命令后，光标由箭头变成十字形光标，移动光标到指定位置确定圆弧中心；

(2)左键移动光标，调节圆弧的半径大小，点击左键确定合适的圆弧半径；

(3)继续移动鼠标，在合适位置点击鼠标的左键确定圆弧的起始位置；

(4)此时，鼠标自动跳到圆弧的另一端，移动光标到合适位置，单击左键确定圆弧的终端；

(5)继续绘制圆弧，单击右键或“Esc”退出圆弧绘制。

左键点击圆弧或者在放置圆弧时按键盘中的“Tab”键，PCB 编辑窗口右侧弹出圆弧属性对话框，如图 4.45 所示。在对话框中可以设置网路标号“Net”、圆弧所在层“Layer”、圆弧起始位置、圆弧终点位置及圆弧半径等。

图 4.45　圆弧属性对话框

4.7　PCB 规则设置

规则设置是 PCB 线路板设计中至关重要的环节，通过规则设置保证 PCB 线路板符合电气要求和机械加工精度要求，也为布局和布线提供依据。当存在违背了规则设置的地方显示亮绿色。

执行菜单栏“设计”→“规则”命令，或按快捷键“D+R”，弹出“PCB 规则及约束编辑器”对话框，如图 4.46 所示，共有 10 类设计规则类型。

图 4.46　“PCB 规则及约束编辑器”对话框

4.7.1　电气规则设置

电气规则设置包括安全距离、开路、短路方面的设置，这个参数会影响所设计的电路板生产成本、设计难度及设计的准确性等，需要谨慎对待。

1. 安全距离

执行“PCB 规则及约束编辑器”对话框中“Electrical”→“Clearance”→“Clearance”命令，打开“安全距离设置”对话框，如图 4.47 所示。

图 4.47　安全距离设置对话框

(1)对网络适配范围进行选择，Altium Designer 提供了“第一适配(Where the First Object Matches)”和“第二适配(Where the Second Object Matches)”，分别提供了“All(所有对象)”“Net(单个网络)”“Net Class(所设置的网络类)”“Net and Layer(网络与层)”和“Custom Query(自定义适配项)”；

(2)在“约束”选项区域的“最小间距”文本框“N/A”中设置需要设定的间距参数值；

(3)“忽略同一封装内的焊盘间距”指对于封装本身的间距不计算到设计规则中，一般勾选该选项；

(4)Altium Designer 2020 提供“简单”和“高级”两种对象与对象间距设置，“简单”和“高级”规则中对象释义如表 4.1 所示；

表 4.1　“简单”和“高级”规则对象释义

对象	释义	对象	释义
Track	走线	Text	文字
TH Pad	通孔焊盘	Arc	圆弧
Copper	铜皮	Poly	铺铜
Hole	钻孔	Fill	填充
SMD Pad	表贴焊盘	Region	区域
Via	过孔		

“简单”和“高级”提供两种对象间距设置，表中“Track”与“Track”之间距离系统默认值为 10mil，可以修改为 20mil 等。

2. 短路规则设置

线路板设计中不允许存在短路问题，否则线路板会报废，因此，此选项不勾选，如图 4.48 所示。

3. 开路规则设置

线路板同样不允许存在开路问题，对于开路规则的“Where The Object Matches”选项，适配“All”，对所有选项都不允许开路的存在；勾选“检查不完全连接”选项，对连接不完善或者“接触不良的线段进行开路检查”，如图 4.49 所示。

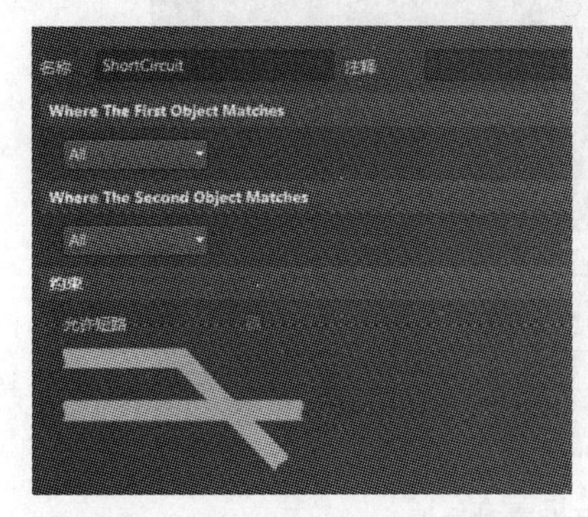

图 4.48　短路规则设置对话框

图 4.49　开路规则设置对话框

4.7.2　布线规则设置

布线规则设置包括“With(导线宽度)”“Routing Topology(布线拓扑)”“Routing Priority(布线优先级)”“Routing Layers(布线层)”“Routing Conners(布线转折角)”“Routing Via Style(自动布线过孔)”和“Fanout control”。在布线过程中，主要对“With(导线宽度)”进行设置，而“Fanout control”一般设计人员不会用到，其他项通常采用默认值。

1. 线宽设置

线宽设置对话框如图 4.50 所示。

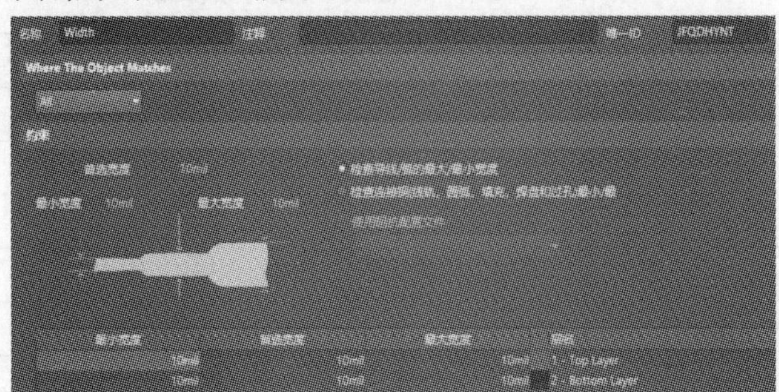

图 4.50　线宽规则设置对话框

(1)“Where The Object Matches”设置。

“Where The Object Matches”为选择适配对象，点击下拉键选择相应的网络标号或层等信息，如图 4. 51 所示。

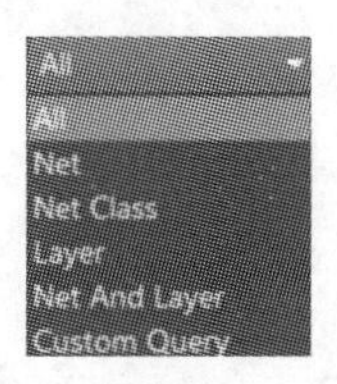

图 4. 51　选择适配对象对话框

(2)“With(导线宽度)”设置。

导线宽度有三个参数可以设置，分别为最小宽度、有线宽度和最大宽度，系统默认宽度为 10mil，3 个数据可以设置相同。

如果需要对某个网络标号或者网络标号类进行单独设置线宽，则在左侧“With(导线宽度)”点击右键，新建一个规则，命名为“Rule1”，在“Where The Object Matches”栏中，选择适配对象，例如选择设置“VCC”，单独对“VCC”进行设置最大宽度、优选宽度和最小宽度，如图 4. 52 所示。

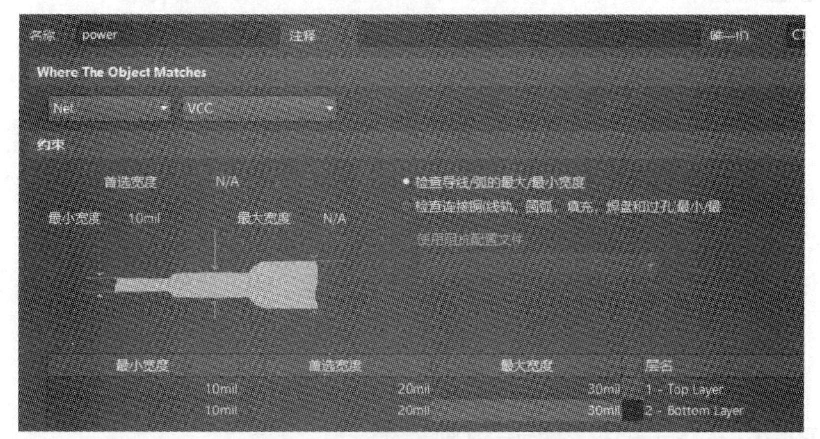

图 4. 52　电源“VCC”到线宽设置对话框

2. Routing Topology 布线拓扑规则设置

布线拓扑结构为采用布线的拓扑逻辑约束，Altium Designer 2020 常用布线拓扑结构包括“Shortest”“Horizontal”“Vertical”“Daisy Simple”“Daisy－MidDriven”“Daisy Balanced”及“Star Burst”，用户可以根据具体设计要求选择不同的布线拓扑结构，如图 4. 53 所示，左键点击对话框中“拓扑”后“Shortest”选择不同的拓扑结构。

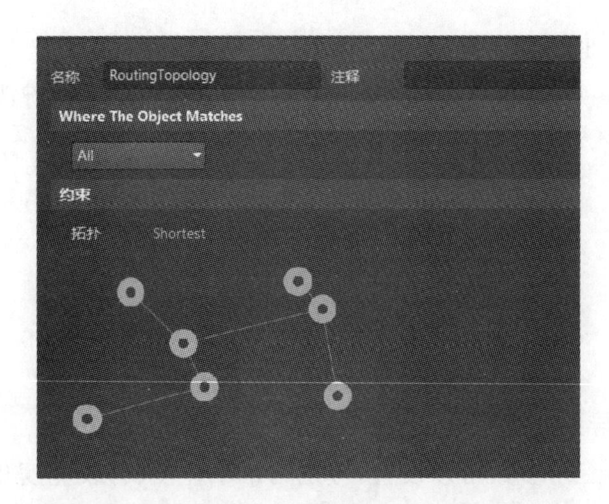

图 4.53　Routing Topology 布线拓扑规则设置对话框

3. Routing Priority 布线优先级别规则设置

该规则用于设置布线的优先级别，设置对话框如图 4.54 所示，优先级别范围为 1～100，数值越大优先级别越高。点击对话框中"Where The Object Matches"项的 Net 下拉键，选择设置类别，如选择"Net"的网络标号"VCC"，设置布线优先级"约束"和"布线优先级"为 3。

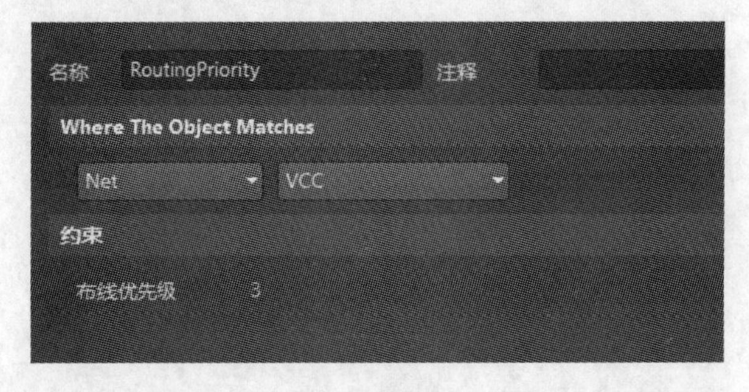

图 4.54　Routing Priority 布线优先级别规则设置对话框

4. Routing Layer 布线板层规则设置

该规则用于设置自动布线过程中允许布线的层面，布线层面设置对话框如图 4.55 所示。点击对话框中"Where The Object Matches"项的 Net 下拉键，选择设置类别，如选择"Net"的网络标号"VCC"，再勾选"约束"→"使能的层"→"允许布线"→"Top Layer"的选项，则"VCC"仅在"Top Layer"布线，不在"Bottom Layer"层布线。

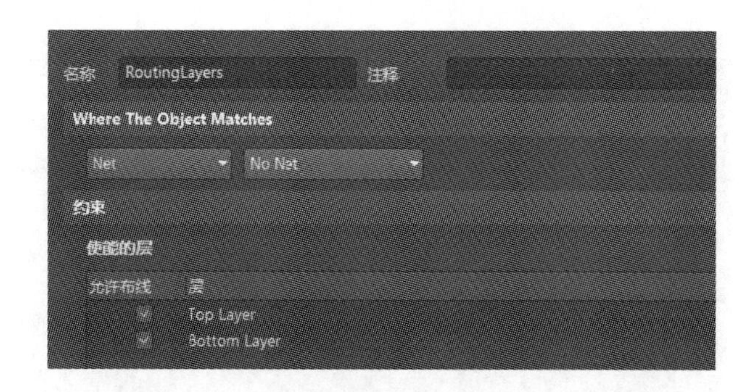

图 4.55　Routing Layer 布线板层规则设置对话框

5. Routing Corners 拐角布线规则设置

该规则用于设置 PCB 走线拐角方式，包括 45°、90°及圆形拐角三种形式，拐角布线规则设置对话框如图 4.56 所示，点击对话框中“Where The Object Matches”项的下拉键，选择设置类别，如选择“Net”的网络标号“VCC”，再勾选“约束”→“类型”→“45 Degrees”的选项，则“VCC”布线拐角为 45°。“Setback”文本框用设置拐角的长度，“to”文本框用于设置拐角的大小。

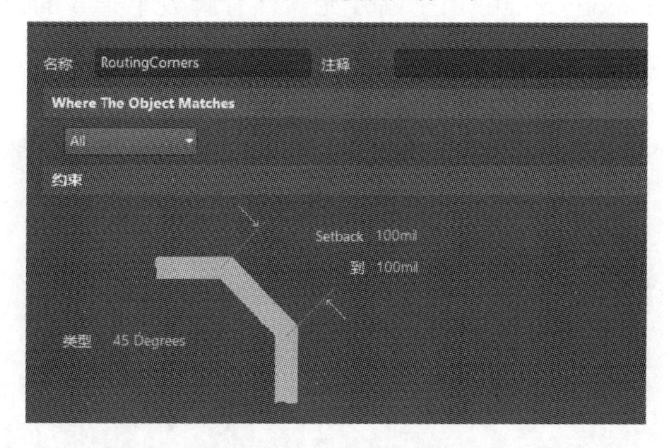

图 4.56　Routing Corners 拐角布线规则对话框

6. Routing Via Style 过孔规则设置

该规则用于设置布线中过孔的大小，“Routing Via Style”过孔规则设置对话框如图 4.57 所示，点击对话框中“Where The Object Matches”项的下拉键，选择设置类别，如选择“Net”的网络标号“VCC”；在“约束”下设置“过孔直径”，包括最大值、最小值和优先值，设置时需要注意过孔直径和通孔之间的差值不宜太小，否则不利于 PCB 制板加工，通常将过孔直径设置为 10mil 以上。

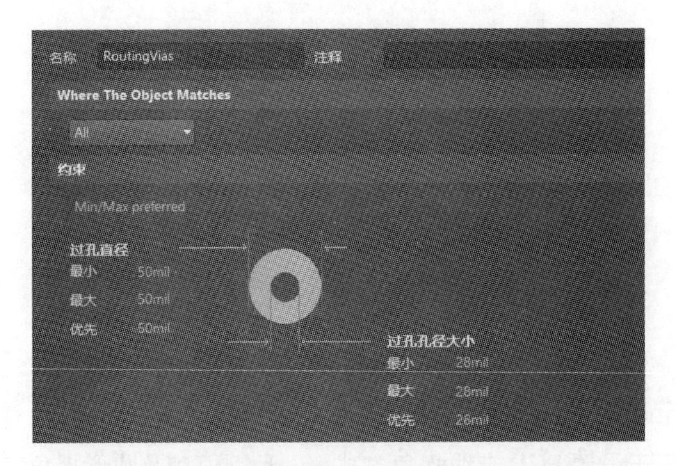

图 4.57　Routing Via Style 过孔规则设置对话框

7. Fanout Control 扇出式布线规则设置

Fanout Control 扇出式布线规则用于设置表面贴片元器件的布线方式，包括“Fanout-BGA”“Fanout-LCC”“Fanout-SOIC”“Fanout-Small”及“Fanout-Default”，其中“Fanout-Small”用于贴片元器件管脚数小于 5 的设置。每种规则设置方法相同，点击对话框中左侧“Fanout Control”→“Fanout-BGA”，弹出对话框如图 4.58 所示。

图 4.58　Fanout Control 扇出式布线规则设置对话框

在对话框“约束”中设置“扇出类型”“扇出方向”“方向指向焊盘”及“过孔放置模式”。

8. Deferential Pairs Routing 差分对分布规则设置

该规则设置用于设置差分信号的布线，差分对分布规则设置对话框如图 4.59 所示，点击对话框中“Where The Object Matches”项的 All 下拉键，选择设置类别，如选择“Net”的网络标号“VCC”；在“约束”中设置差分布线时的“最小宽度”“最小间隙”“优先宽度”“优先间隙”“最大宽度”和“最大间隙”等参数。通常，差分信号走线要尽量短且平行，长度尽量一致且间隙尽量小一些，根据这些原则，用户可以设置对话框的参数值。

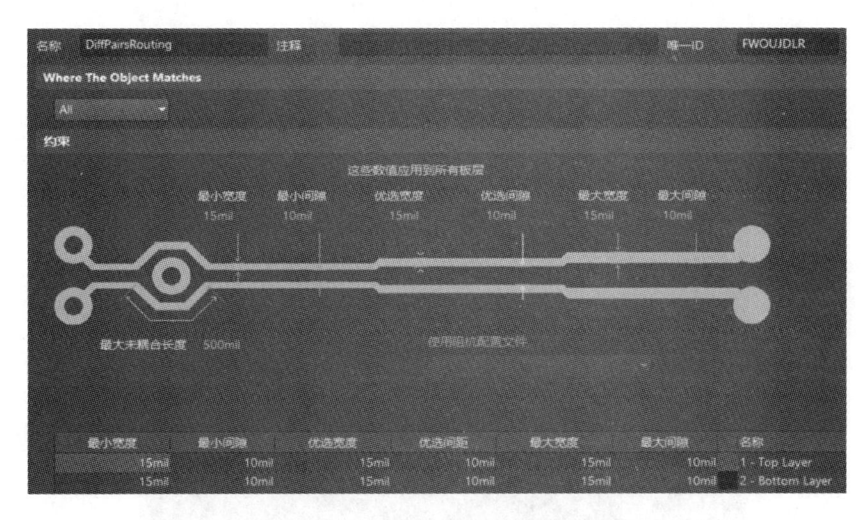

图 4.59　差分对布线规则设置对话框

4.8　线路板 PCB 布线

4.8.1　自动布线

Altium Designer 2020 提供了强大的自动布线功能，它适合于元器件较多的线路板设计。

1. 自动布线策略设置

执行菜单“布线”→“自动布线”→“设置”命令，选择“全部”，弹出“Situs 布线策略”对话框，如图 4.60 所示。

Routing Setup Report（布线设置报告）区域对布线规则设置进行汇总报告，可以进行规则编辑，该区域列出了详细的布线规则，可用超链接的方式，将列表链接到相应的规则设置栏，并修改。点击“编辑层走线方向（Edit Layer Directions）”弹出各信号层的走线方向，如图 4.61 所示；点击“编辑规则”弹出“PCB 规则及约束编辑器[mil]”；点击“save report as”按钮将规则报告导出并保存。

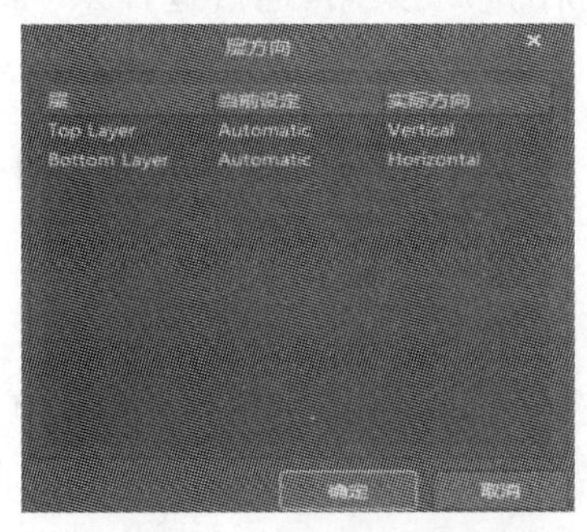

图 4.60　层方向信息对话框

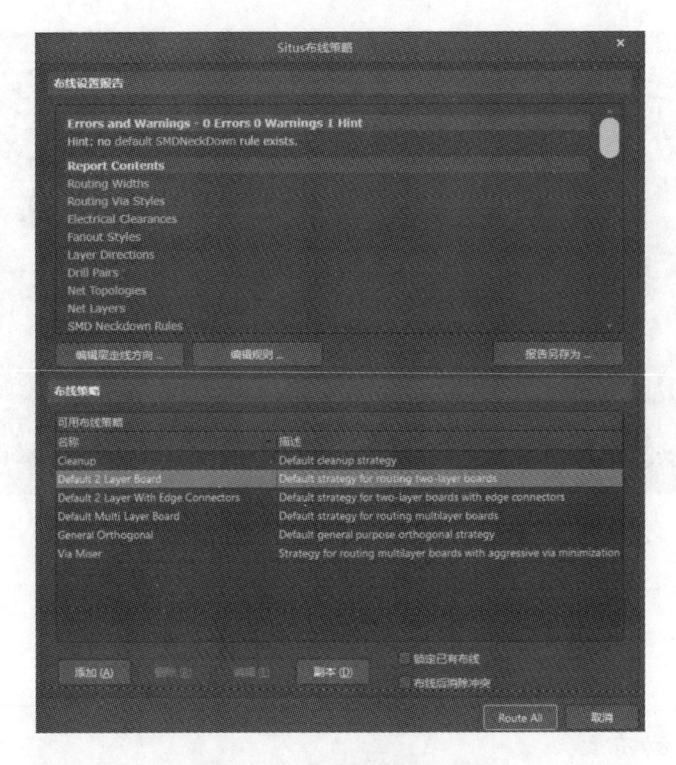

图 4.61 “Situs 布线策略”对话框

2. 可选布线策略“Routing Strategy”

在该选项区域，系统提供了 6 种默认的布线策略，如下：

(1)Cleanup 优化布线策略；

(2)Default 2 Layer Board 双面板默认布线策略；

(3)Default 2 Layer With Edge Connectors 带边界连接器的双面板默认布线策略；

(4)Default Multi Layer 多面板默认布线策略；

(5)General Orthogonal 普通直角布线策略；

(6)Via Miser 过孔最少化布线策略。

点击对话框中“添加”新的布线策略，通常选择系统默认选项。

3. 自动布线操作

执行菜单栏“布线”→“自动布线”命令弹出“自动布线”子菜单，如图 4.62 所示。

(1)“全部”：整个 PCB 所有元器件网络进行布线；

(2)“网络”：对指定的网络进行自动布线；执行该命令后，鼠标由箭头变成十字形，选中需要布线的网络，再次单击鼠标，系统会进行自动布线；

(3)“网络类”：对指定网络类进行自动布线；

(4)“连接”：对指定的焊盘进行自动化布线，执行该指令后鼠标由箭头变成十字形，单击鼠标左键后自动布线；

(5)“区域”：对指定的区域自动布线，拖动鼠标选中需要布线的区域，点击鼠标，自动布线；

(6)“Room”：在指定的 Room 区域进行自动布线；

(7)“元器件”：对指定的元器件进行布线，当执行命令后，选择需要布线的元器件，单击鼠标自动布线：

(8)“器件类”：选择指定器件类型进行自动布线；

(9)“选中对象的连接”：对选中元器件所有连线进行自动布线；

(10)“选择对象之间的连接”：为选取多个元器件之间进行自动布线；

(11)“设置”：打开自动布线设置对话框；

(12)“停止”：终止自动布线；

(13)“复位”：对布线的 PCB 进行重新布线；

(14)“Pause”：对正在布线操作进行中断操作。

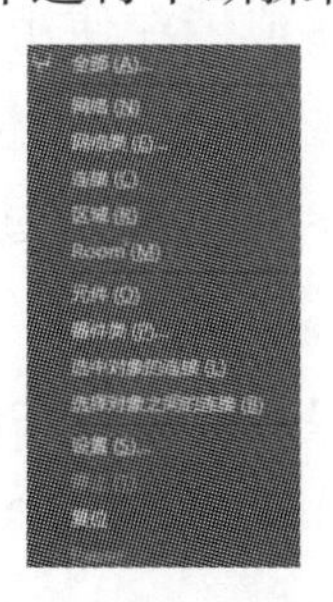

图 4.62　自动布线子菜单

执行菜单栏“布线”→“自动布线”→“全部”命令，弹出“Situs 布线策略”对话框，在“布线”策略中选择“Default 2 Layer Board”→“Routing all”，对线路板进行自动布线，弹出“Message(信息)”对话框，显示当前布线信息，如图 4.63 所示，自动布线结果如图 4.64 所示。

Class	Document	Source	Message	Time	Date	No.
Routin	Test3.PcbDoc	Situs	Creating topology map	13:15:31	2021/3/1	2
Situs E	Test3.PcbDoc	Situs	Starting Fan out to Plane	13:15:31	2021/3/1	3
Situs E	Test3.PcbDoc	Situs	Completed Fan out to Plane in 0 Seconds	13:15:31	2021/3/1	4
Situs E	Test3.PcbDoc	Situs	Starting Memory	13:15:31	2021/3/1	5
Situs E	Test3.PcbDoc	Situs	Completed Memory in 0 Seconds	13:15:31	2021/3/1	6
Situs E	Test3.PcbDoc	Situs	Starting Layer Patterns	13:15:31	2021/3/1	7
Situs E	Test3.PcbDoc	Situs	Completed Layer Patterns in 0 Seconds	13:15:31	2021/3/1	8
Situs E	Test3.PcbDoc	Situs	Starting Main	13:15:31	2021/3/1	9
Routin	Test3.PcbDoc	Situs	Calculating Board Density	13:15:31	2021/3/1	10
Situs E	Test3.PcbDoc	Situs	Completed Main in 0 Seconds	13:15:31	2021/3/1	11
Situs E	Test3.PcbDoc	Situs	Starting Completion	13:15:31	2021/3/1	12
Situs E	Test3.PcbDoc	Situs	Completed Completion in 0 Seconds	13:15:31	2021/3/1	13
Situs E	Test3.PcbDoc	Situs	Starting Straighten	13:15:31	2021/3/1	14
Situs E	Test3.PcbDoc	Situs	Completed Straighten in 0 Seconds	13:15:31	2021/3/1	15
Routin	Test3.PcbDoc	Situs	52 of 52 connections routed (100.00%) in 0 Seconds	13:15:31	2021/3/1	16
Situs E	Test3.PcbDoc	Situs	Routing finished with 0 contentions(s). Failed to complete 0 con	13:15:31	2021/3/1	17

图 4.63　自动布线信息

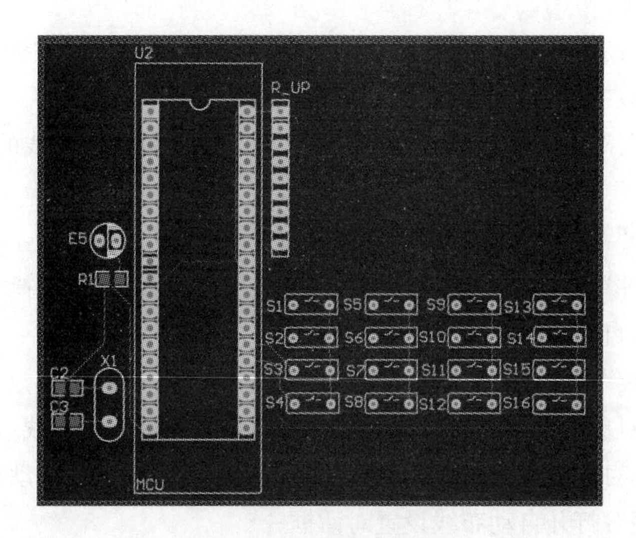

图 4.64　自动布线结果图

4.8.2　手动布线

PCB 线路板上元器件数量不多或者在使用自动布线后对元器件的连线进行调整，都需要手动布线。在手动布线前按照前述方法对布线规则进行设置。手动布线过程中删除已绘制的不合理导线，可以通过命令来删除导线。

1. 清除布线

执行菜单栏“布线”→“取消布线”弹出对话框，选择“全部”“网络”“连接”“器件”或“Room”。

2. 手动布线

点击“放置”→“走线”命令，启动布线过程完成绘制导线，如图 4.65 所示。

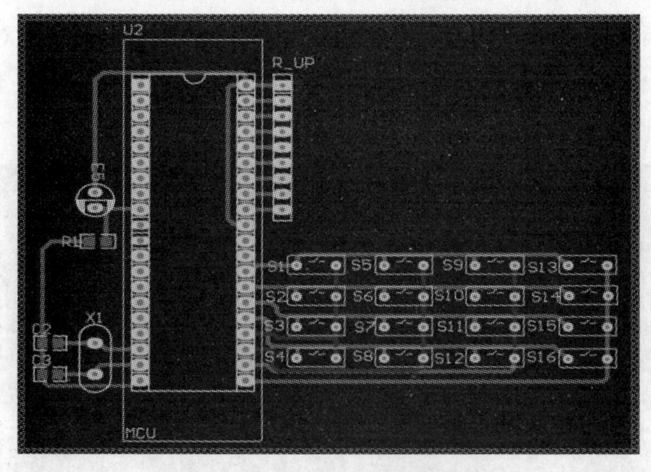

图 4.65　手动布线结果图

4.9　敷铜、补泪滴及包地

为了加强 PCB 抗干扰能力，完成 PCB 布线后，还需要做敷铜、补泪滴及包地等操作。

4.9.1　敷铜

1. 启动敷铜命令如下：

(1)执行菜单栏“放置”→“敷铜”命令；

(2)点击“布线”工具栏“放置多边形平面”按钮；

(3)右键点击 PCB 编辑界面，弹出快捷菜单栏“放置”→“敷铜”命令；

(4)使用快捷键“P+G”。

2. 执行敷铜

启动命令后，弹出敷铜属性“Properties”设置对话框，如图 4.66 所示。

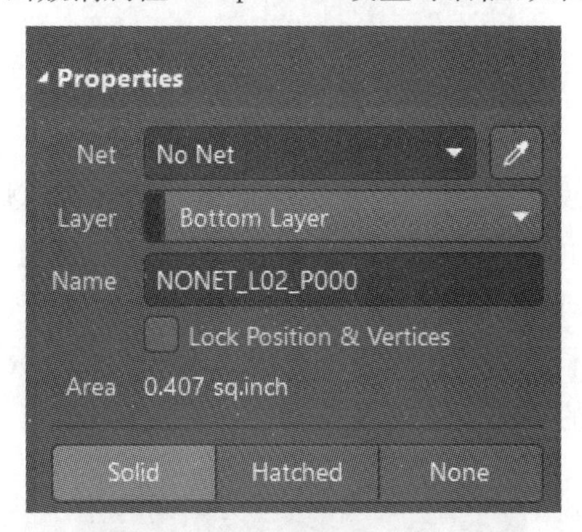

图 4.66　敷铜属性设置对话框

(1)“Net(网络)”选项设置。

点击“Net”右侧的下拉键选择列表中敷铜所连接到网络，通常选择“GND”；

(2)“Layer(层)”选项设置。

点击“Layer(层)” 右侧的下拉键选择列表中敷铜所在工作层面，包括顶层和底层；

(3)填充模式设置。

填充模式用于选择敷铜的填充模式，包括以下三种：

①“Solid”：实心填充，即敷铜区域内为全部铜填充，设置对话框如图 4.67 所示；需要设置的参数有“Remove Islands Less Than in Area”删除孤独区域的面积限制值、“Remove Necks When Copper Width Less Than”删除凹槽的宽度限制值

和下拉选择“Pour Over Same Net Polygons Only”、“Don’t Pour Same Net Objects”、“Pour Over All Same Net Objects”等，以及“Remove Dead Copper”移除“Keep－out”边框外的敷铜。

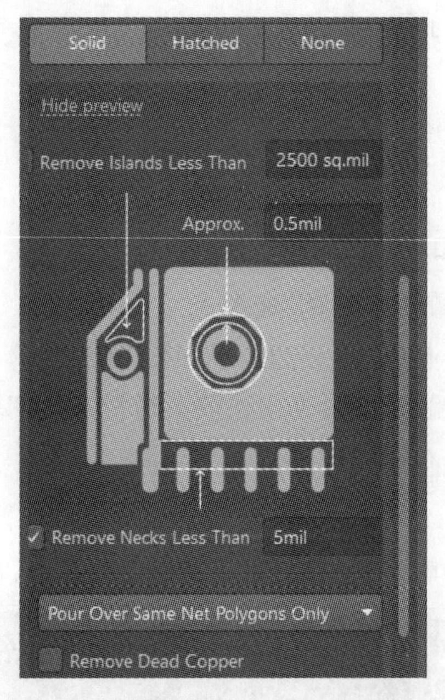

图 4.67 “Solid”实心填充设置对话框

②“Hatched”影线化填充，即向敷铜区域填充网络状的敷铜；置对话框如图4.68所示；需要设置的参数有“Track Width”网格线的宽度、“Grid Size”网格大小、“Surround Pad with”围绕焊盘的形状及下拉选择“Pour Over Same Net Polygons Only”对相同网络多边形进行敷铜等，以及“Remove Dead Copper”移除“Keep－out”边框外的敷铜。

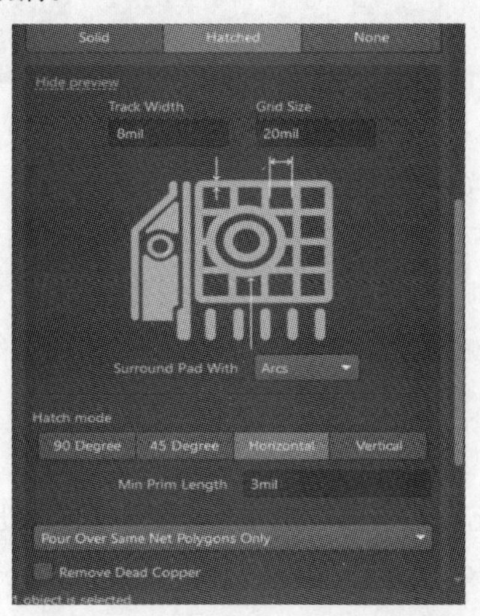

图 4.68 “Hatched”实心填充设置对话框

③“None”无填充，即敷铜区域无填充铜，只保留边界；需要设置的参数有“Track Width”敷铜边界线宽度和“Surround Pads With”围绕焊盘的形状等，如图 4.69 所示。

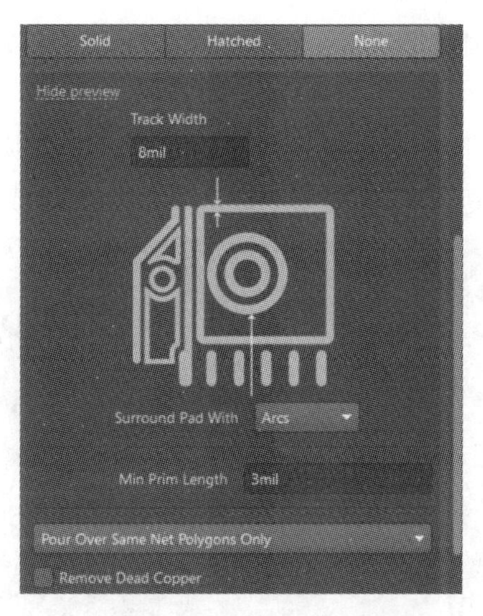

图 4.69　“None”填充设置对话框

4.9.2　补泪滴

泪滴就是导线与焊盘连接处的过渡段，加大连接面积，提高导线和焊盘之间连接的牢固性。

执行菜单栏“工具”→“泪滴”命令，弹出“泪滴”设置对话框，如图 4.70 所示。

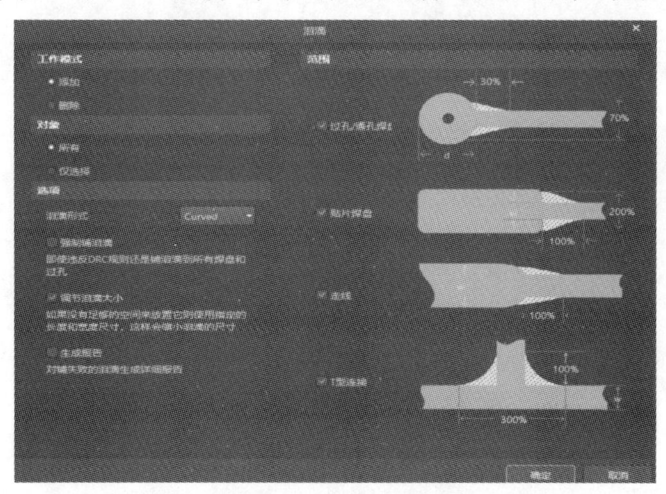

图 4.70　泪滴设置对话框

设置说明：

(1)“工作模式”：“添加”用于对焊盘进行设置泪滴；“删除”用于取消焊盘的

泪滴；

(2)“对象”:“所有”对所有焊盘添加泪滴操作;“仅选择”对选中焊盘添加泪滴操作；

(3)“选项”:点击“泪滴形式”后下拉键选择“Line”或“Arc”,表示用不同类型的泪滴形式；

(4)“强制敷泪滴”:选择该复选框,即使违反DRC规则也强制对所有焊盘或过孔添加泪滴;取消该复选框,则对安全距离较小的焊盘或过孔不添加泪滴。

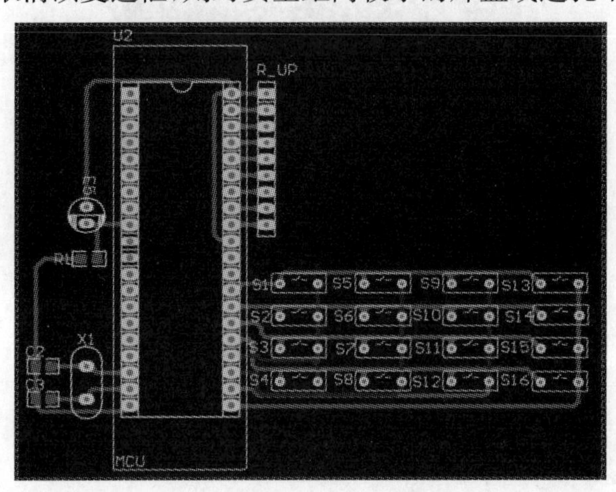

图4.71　添加“泪滴”的PCB板

PCB元器件封装设计

元器件封装是指安装半导体元器件用的外壳，它不仅起到安放、固定、密封、保护元器件和增强导热性能的作用，还是元器件内部与外部电路沟通的桥梁。元器件封装在PCB线路板上表现为一组焊盘、丝印层上的边框及元器件说明文字，元器件通过管脚及线路板导线实现不同元器件之间的电气联系，实现电路功能。

5.1 建立PCB元器件库文件

执行菜单栏“文件”→“新建”→“库”→“PCB元器件库”，建立PCB元器件库，如图5.1所示，保存到指定位置，并修改元器件库名称。PCB库编辑界面主要包括菜单栏、工具栏、绘制工具栏、面板栏、PCB封装列表、PCB信息显示、层显示及绘制工作区域等。

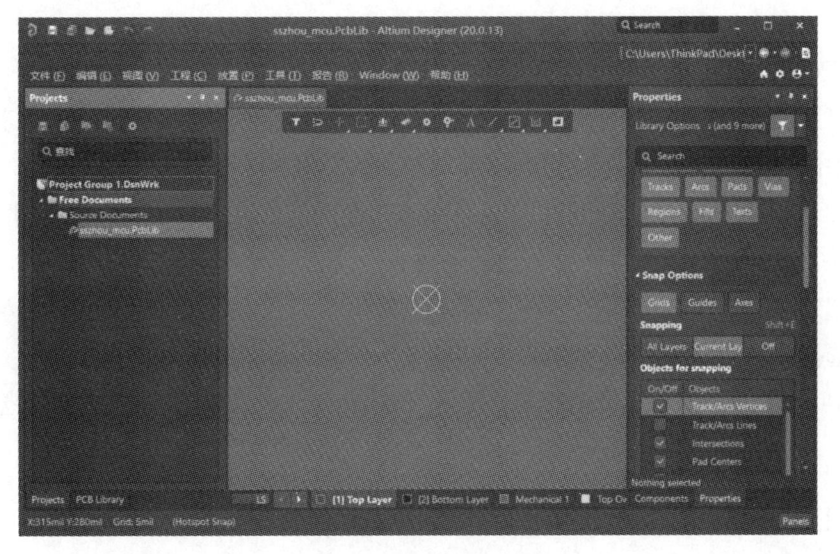

图5.1 PCB库编辑器

PCB库编辑器的设置与PCB编辑器基本相同，只是PCB库编辑器工具栏少了“设计”和“布线”命令。在PCB库编辑器中独有“PCB Library”面板提供了对封装库元器件进行统一编辑和管理，点击PCB库编辑器右下角“Panels”或者执行菜单栏“视图”→“面板”弹出对话框，如图5.2所示，选择“PCB Library”，弹出“PCB Library”对话框，如图5.3所示。

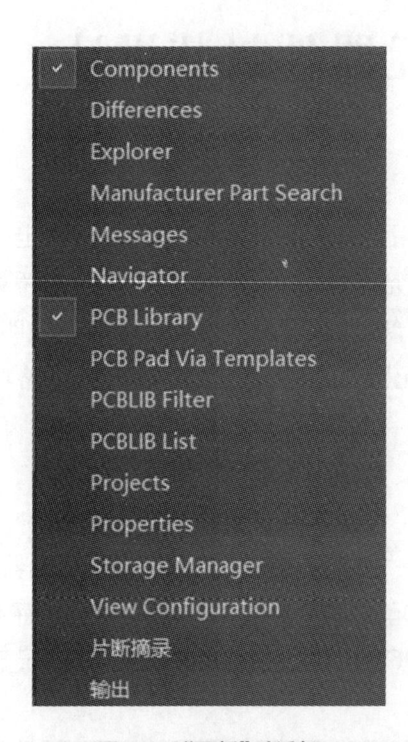

图 5.2 “面板”对话框

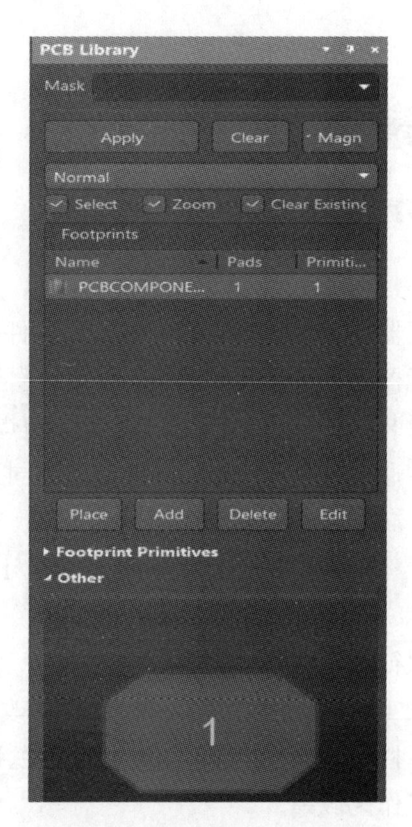

图 5.3 “PCB Library”面板

“PCB Library”面板包括：

(1)“Mask(屏蔽)”:用于对库文件内的所有元器件封装进行查询,并根据屏蔽框中的内容将符合条件的元器件列举出来;

(2)“FootPrint(封装元器件)”:列举该库中所有的元器件封装,单击列举框中元器件,在“PCB 编辑界面”显示该元器件;

(3)“FootPrint Primitive(封装元器件的图元)”:显示“FootPrint(封装元器件)”选择元器件的焊盘数、焊盘的“x－size”和“y－size”及焊盘所在层数;

(4)“Other(缩略图显示框)”:显示“FootPrint(封装元器件)”选择元器件缩略图。

5.1.1 修改元器件封装名称

执行工具栏“工具”→“元器件属性”,打开修改元器件名称对话框如图 5.4 所示。修改“名称”右侧文本框中内容,点击“确认”保存,元器件封装名称修改成功,并在库文件中显示修改后的名称。

图 5.4　元器件封装对话框

5.1.2　PCB 库编辑器环境设置

执行 PCB 库编辑器界面的右下角“Panels”→“Properties”或“视图”→“面板”→“Properties”，在 PCB 库编辑器界面的右侧弹出“Properties”对话框，如图 5.5 所示，设置“Library Options(库选项)”、“Selection Filter(选择过滤器)”、“Snap Options(捕捉选项)”和“Snapping(捕捉层)”等。

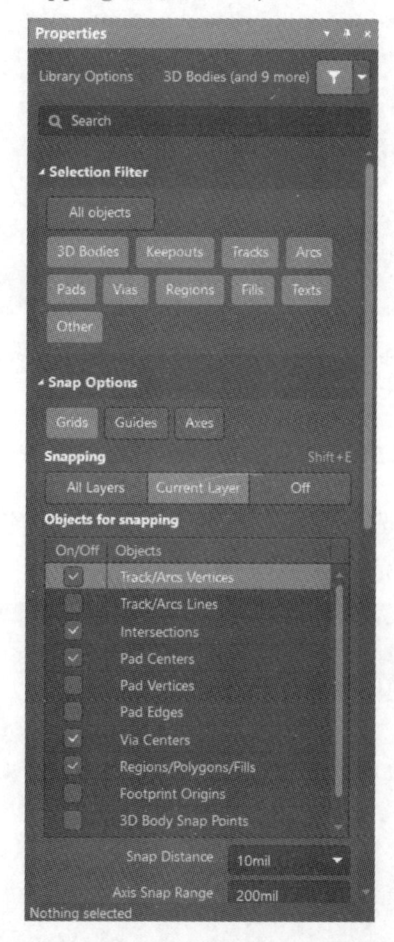

图 5.5　“Properties(属性)”设置对话框

对话框功能说明：

(1)“Selection Filter(选择过滤器)”:选择对象过滤器,单击“All objects”选择 PCB 编辑界面内所有对象;也可以单独选择某一对象或多个对象,如单击“Tracks”和“Pads”,就选中 PCB 编辑界面内所有导线和焊盘;

(2)“Snap Options(捕捉选项)”:用于捕捉设置,包括“Grids(网格)”“Guides(捕捉向导)”和“Axids(捕捉坐标)”;

(3)“Snapping(捕捉层)”:选择“All Layer(所有层)”“Current Layer(当前层)”“Off (关闭所有层)”;

(4)“Objects for Snapping(捕捉对象)”:从列表中选择捕捉对象;

(5)“Guide Manager(网格管理器)”:点击“Properties(属性)”,弹出对话框“Cartesian Grid Editor[mil]”如图 5.6 所示,在对话框中设置“Global Board Snap Grid(全板捕捉网格)”等;

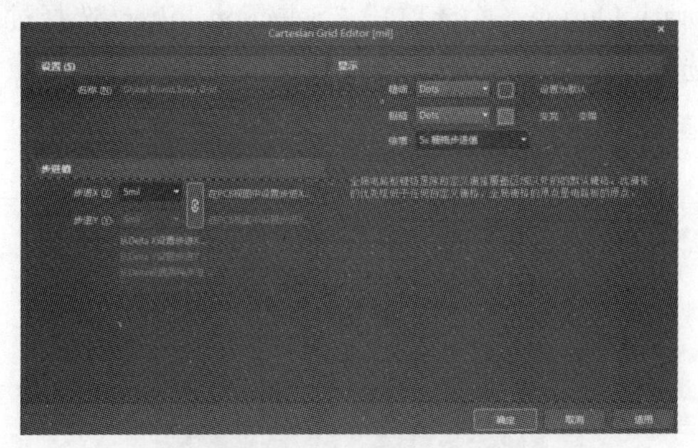

图 5.6 “Cartesian Grid Editor[mil]”对话框

(6)“Units(度量单位)”:设置 PCB 板的单位,“mils”和“mm”。

5.1.3 优先选项设置

执行“工具”→“优先选项”命令,或点击右键弹出的快捷菜单中选择“优先选项”,如图 5.7 所示,设置完毕后点击“确认”按钮。

图 5.7 “Preferences(优先项)”对话框

5.2　绘制 PCB 元器件封装

5.2.1　用向导规则创建 PCB 元器件封装

用向导规则创建 16 引脚 SOP(Small outline Package)PCB 元器件封装，SOP16 的外形轮廓为：引脚数为 8 * 2；引脚长宽为 50mil * 30mil；引脚间距为 100mil；引脚外围轮廓为 8 * 2，绘制步骤如下：

(1)执行菜单栏“工具”→“IPC Compliant Footprint Wizard(元器件向导)”命令，弹出元器件封装生成向导对话框，如图 5.8 所示；

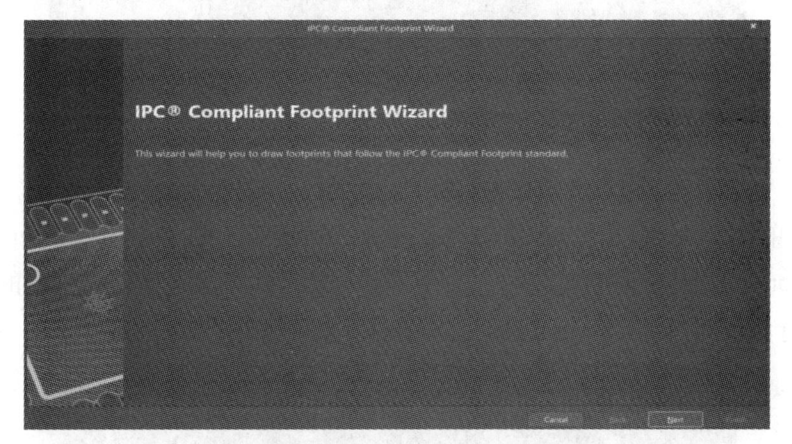

图 5.8　“IPC Compliant Footprint Wizard”对话框

(2)单击“Next(下一步)”按钮，进入“Select Components Type(选择器件类型)”对话框如图 5.9 所示，选择“SOP/TSOP”类型；

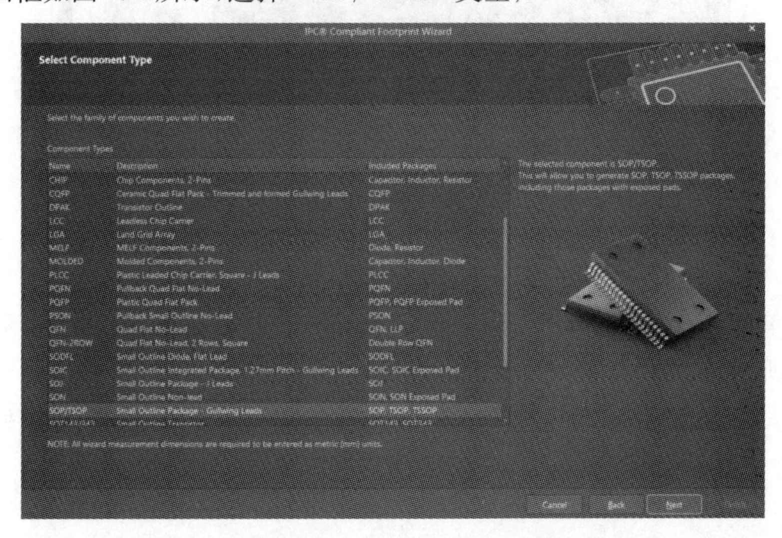

图 5.9　“IPC Compliant Footprint Wizard”对话框

(3)单击“Next(下一步)”按钮,进入“SOP/TSOP Package Dimension(贴片封装尺寸设置)”对话框如图5.10所示,对器件封装的尺寸进行设置,包括“Overall Dimension(器件总体尺寸)”和“Pin Information (引脚信息)”;

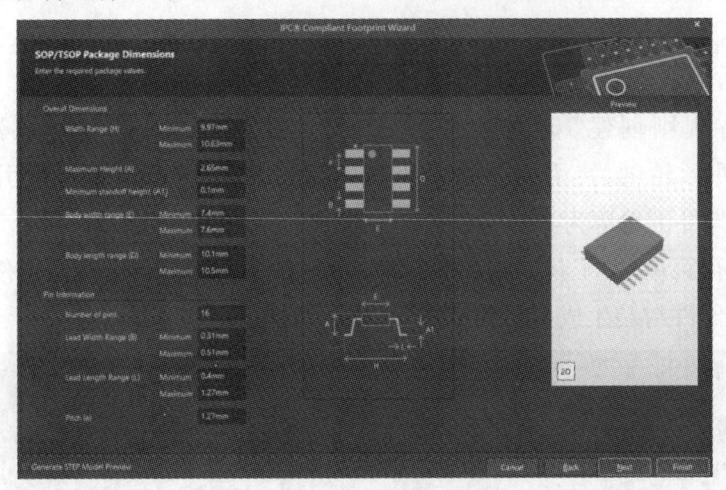

图5.10 “SOP/TSOP Package Dimension”对话框

(4)单击“Next(下一步)”按钮,进入“SOP/TSOP Package Thermal Pad Dimension(贴片封装隔热垫尺寸)”对话框如图5.11所示,对器件封装的隔热垫尺寸进行设置,包括“Thermal Pad Range(E2)”和“Thermal Pad(D2)”;

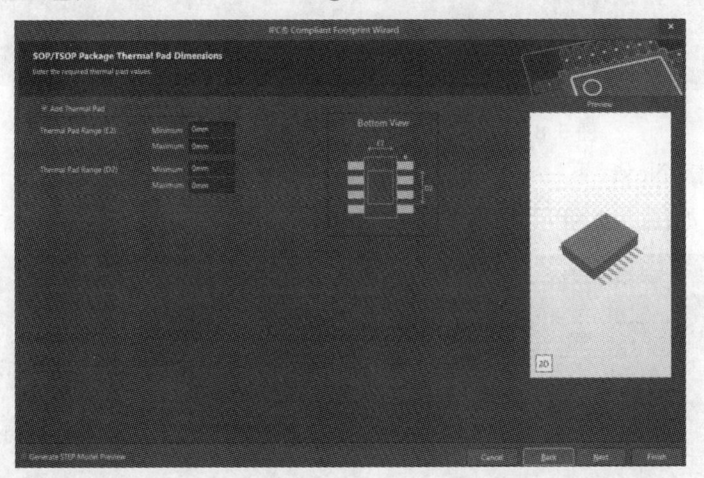

图5.11 “SOP/TSOP Package Thermal Pad Dimension”对话框

(5)单击“Next(下一步)”按钮,进入“Enter the heel spacing values”对话框如图5.12所示,对器件封装的尺寸进行设置;

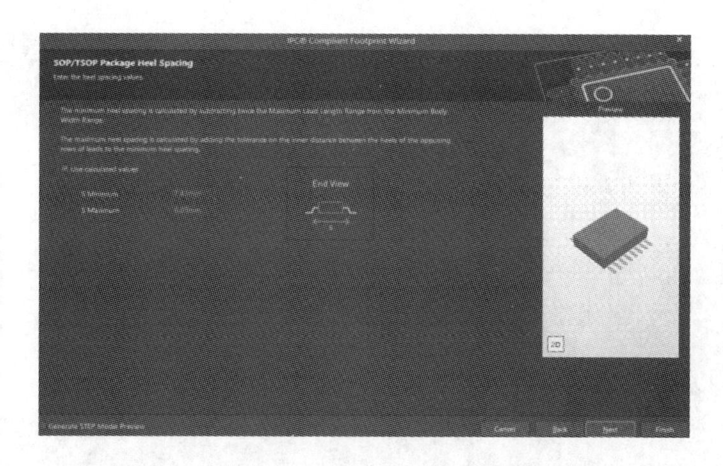

图 5.12　“Enter the heel spacing values”对话框

(6)单击“Next(下一步)”按钮，进入“SOP/TSOP Solder Fillets”对话框如图 5.13所示，对器件封装的尺寸进行设置；

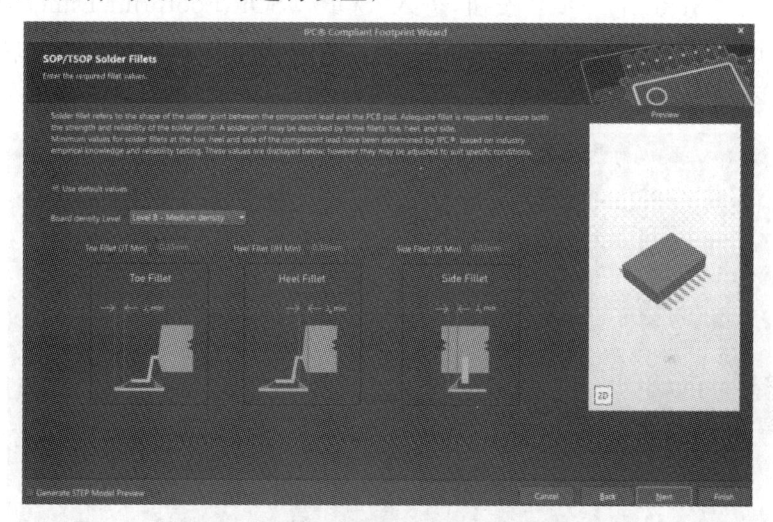

图 5.13　“SOP/TSOP Solder Fillets”对话框

(7)单击“Next(下一步)”按钮，进入“SOP/TSOP Components Tolerances”对话框如图 5.14 所示，对器件封装的尺寸进行设置；

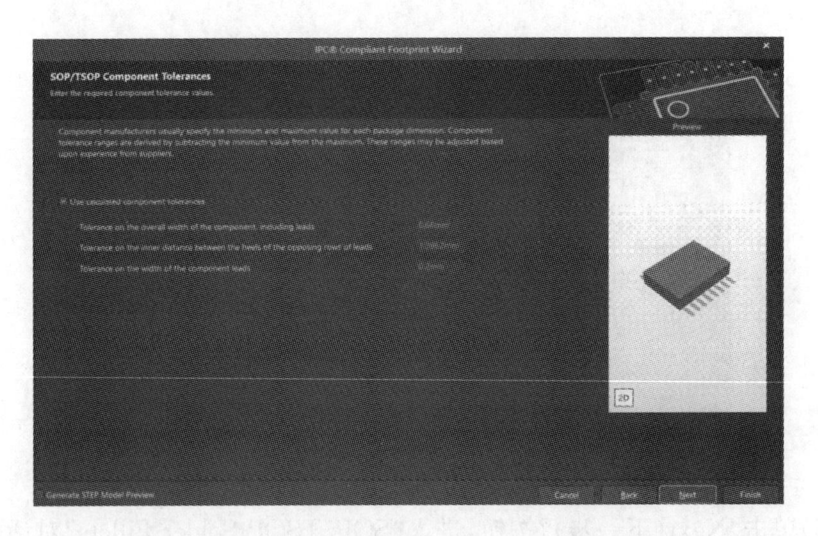

图 5.14 “SOP/TSOP Components Tolerances”对话框

(8)单击“Next(下一步)”按钮,进入“SOP/TSOP Footprint Dimension(贴片封装尺寸设置)”对话框如图 5.15 所示,对器件封装的尺寸进行设置,包括焊盘尺寸和焊盘空间参数;

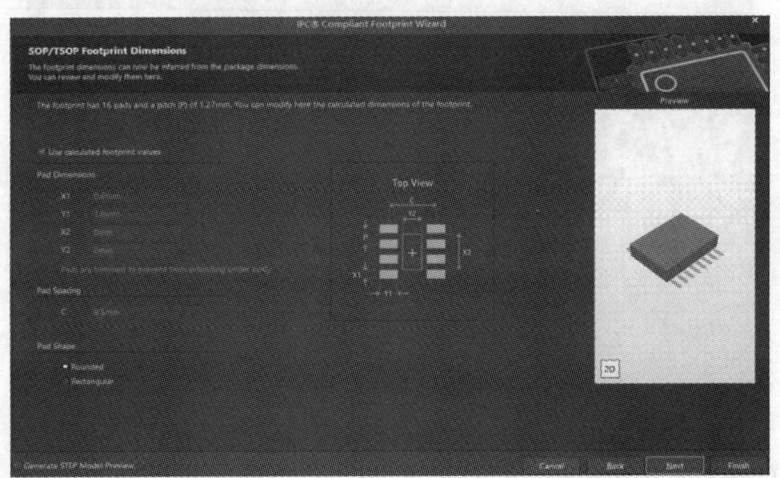

图 5.15 “SOP/TSOP Footprint Dimension”对话框

(9)单击“Next(下一步)”按钮,进入“SOP/TSOP Silkscreen Dimension(贴片丝印层尺寸)”对话框如图 5.16 所示,对器件封装的尺寸进行设置;

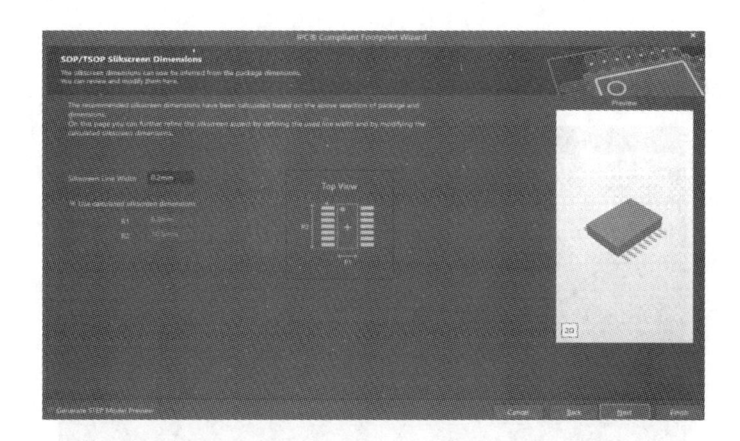

图 5.16　“SOP/TSOP Silkscreen Dimension(贴片丝印层尺寸)”对话框

(10)单击“Next(下一步)”按钮,进入“SOP/TSOP Courtyard,Assembly and Component Body Information”对话框如图 5.17 所示;

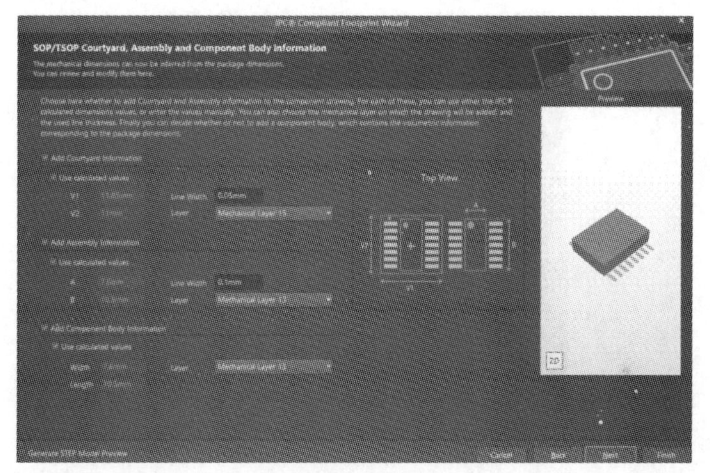

图 5.17　“SOP/TSOP Courtyard,Assembly and Component Body Information”对话框

(11)单击“Next(下一步)”按钮,进入“SOP/TSOP Footprint Dimension(贴片封装尺寸)”对话框如图 5.18 所示,可以设置元器件名称和尺寸信息;

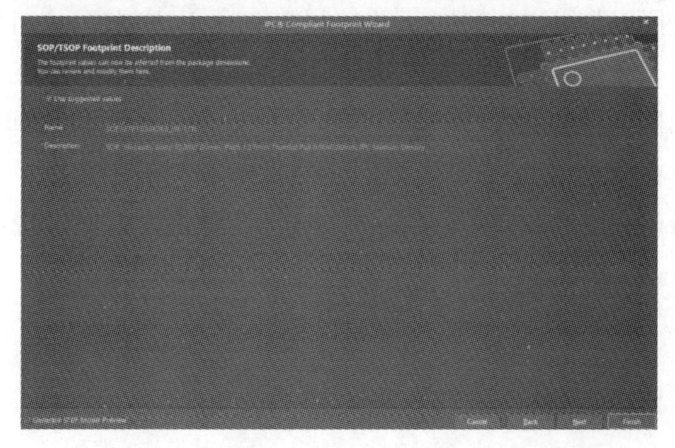

图 5.18　“SOP/TSOP Footprint Dimension”对话框

(12)单击“Next(下一步)”按钮,进入“Footprint Destination”对话框如图 5.19 所示,对器件封装的保存位置进行设置。

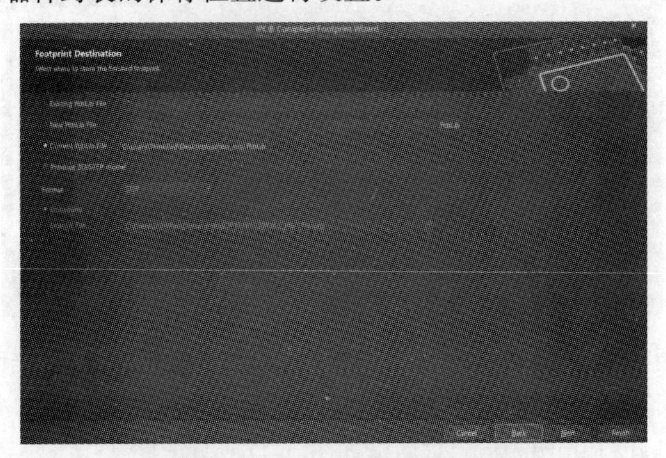

图 5.19 “Footprint Destination”对话框

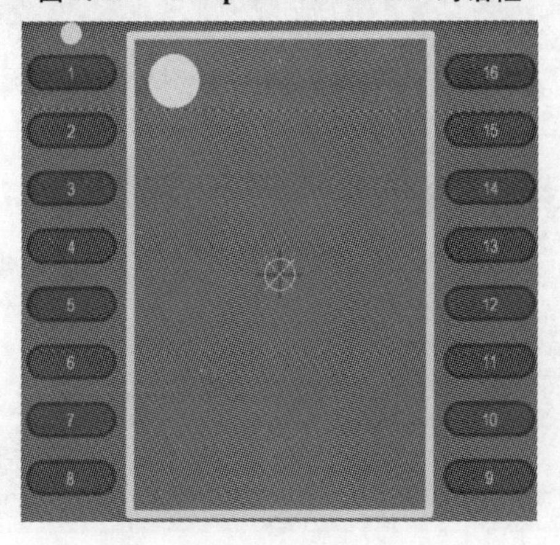

图 5.20 SOP－16 芯片的封装

5.2.2 手动创建不规则的 PCB 元器件封装

有些元器件的尺寸比较特殊,元器件封装向导无法创建,这时需要手动创建元器件封装。

(1)新建元器件封装:执行菜单栏“工具”→“新的空元器件”,弹出新元器件封装编辑界面,并在“PCB Library”面板的元器件封装列表中出现一个新的元器件“PCB Components_1”,双击“PCB Components_1”弹出对话框,如图 5.21 所示,修改“名称”为 Mcu1。

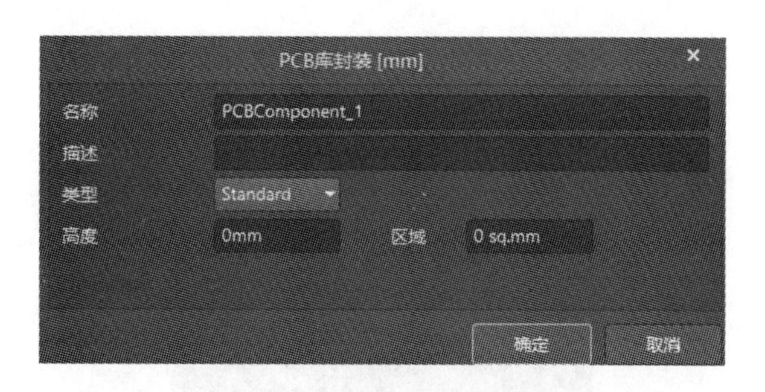

图 5.21　PCB 库封装对话框

(2)放置焊盘:点击封装编辑界面底栏“Top Layer”层;执行菜单栏“放置”→“焊盘”,或右键点击 PCB 元器件库编辑界面弹出快捷对话框“放置”→“焊盘”,或点击工具栏中“”按钮后移动光标到指定位置点击左键,完成放置焊盘,光标仍处于放置焊盘状态;点击右键或“Esc”键退出放置焊盘;

(3)在放置焊盘过程中,按键盘中“Tab”键,弹出焊盘的“Properties(属性)”“Pad Stack”“Pad Mask Expansion”及“Solder Mask Expansion”主要修改“Properties(属性)”和“Pad Stack”对话框中参数;在“Properties(属性)”中设置“Designator(标识)”和“Layer”。如图 5.22 所示。

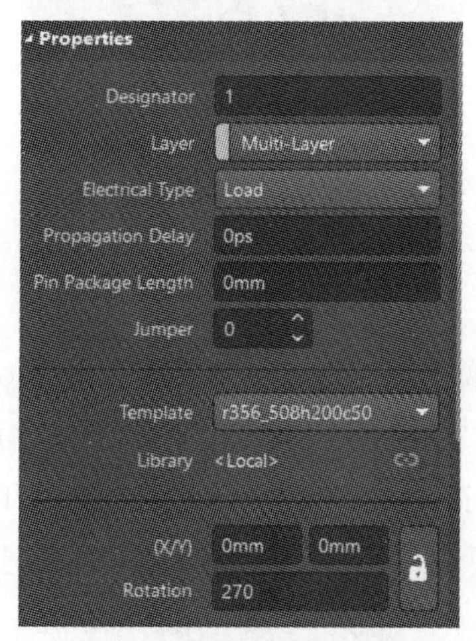

图 5.22　“Properties(属性)”对话框

在“Pad Stack”对话框中设置焊盘的“Shape(形状)”“X/Y(x 轴/y 轴尺寸)”和“Hole Size(焊孔尺寸)”。

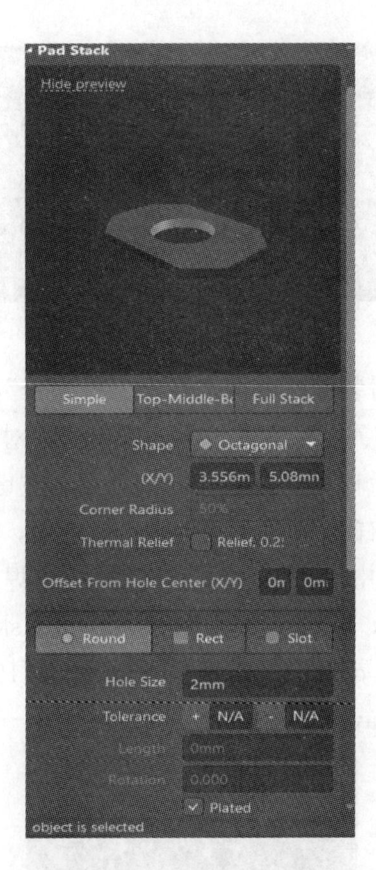

图 5.23 "Pad Stack"对话框

通过对话框设置焊盘坐标确定焊盘位置、焊盘尺寸、焊孔尺寸、所在层数等参数;

(4)绘制元器件的轮廓:点击封装编辑界面底栏"Top Over Layer"层;执行菜单栏"视图"→"工具栏"→"PCB 库放置",弹出"PCB 库放置"对话框,点击"▨"按钮后绘制线,通过"Properties(属性)"中坐标起始位置和终点位置设置距离、长度及位置;同样方法绘制圆弧,并设置参数,绘制"MCU1"封装图如图 5.24 所示。

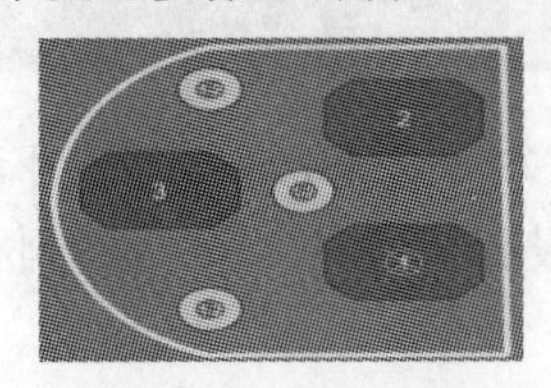

图 5.24 "MCU1"封装图

5.3　元器件封装检查及报表

1. 元器件封装信息报表

执行菜单栏“报告”→“器件”命令，弹出元器件的信息报表如图5.25所示，信息报表给出了元器件名称、所在的元器件库、创建日期、时间及元器件封装的各个组成部分的详细信息。

```
Component   : MCU1
PCB Library : sszhou_mcu.PcbLib
Date        : 2021/3/5
Time        : 8:32:11


Dimension : 15.189 x 15.164 mm

 Layer(s)              Pads(s)  Tracks(s)  Fill(s)  Arc(s)  Text(s)
-------------------------------------------------------------------
 Top Overlay                 0          3        0       1        0
-------------------------------------------------------------------
 Total                       0          3        0       1        0
```

图5.25　元器件封装信息列表

2. 元器件封装错误信息报表

执行菜单栏“报告”→“元器件规则检测”命令，弹出元器件的错误检查规则设置对话框如图5.26所示。通过对话框可以对“焊盘”、“基元”及“封装”等进行设置。通常保持默认值，点击“确定”按钮，软件自动生成元器件的错误信息报表，如图5.27所示。

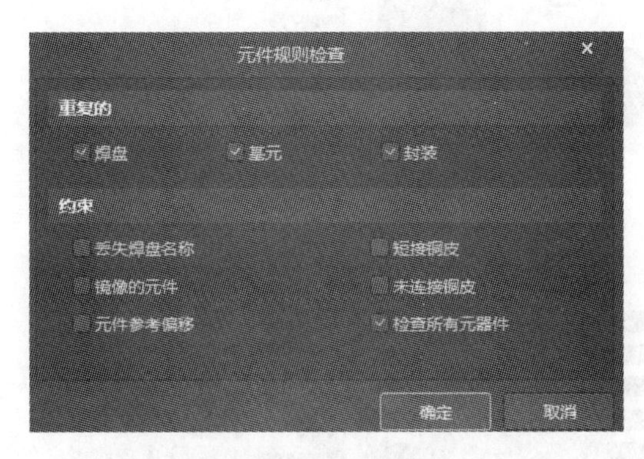

图5.26　元器件规则检查设置对话框

```
Altium Designer System: Library Component Rule Check
PCB File : sszhou_mcu
Date     : 2021/3/5
Time     : 8:48:38


Name                Warnings
---------------------------------------------------------------------
```

图5.27　元器件错误信息报表

3. 元器件封装库信息报表

执行菜单栏“报告”→“库报告”命令，弹出元器件封装库信息报表设置如图 5.28 所示。在对话框中设置报告保存地址、文档类型及使用颜色等信息，点击“确定”按钮后，生成 Word 版本的元器件封装库信息报表如图 5.29 所示。

图 5.28　库报告设置对话框

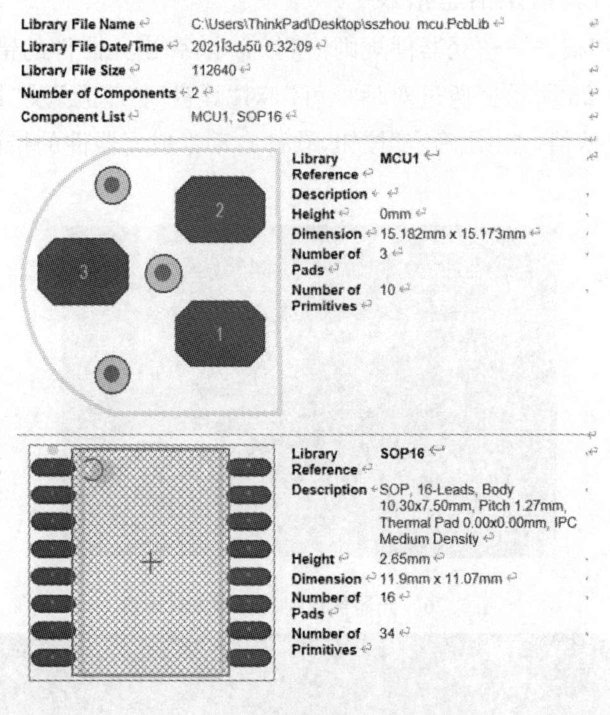

Protel PCB Library Report

Library File Name	C:\Users\ThinkPad\Desktop\sszhou mcu.PcbLib
Library File Date/Time	2021Î3dú5û 0:32:09
Library File Size	112640
Number of Components	2
Component List	MCU1, SOP16

Library Reference	MCU1
Description	
Height	0mm
Dimension	15.182mm x 15.173mm
Number of Pads	3
Number of Primitives	10

Library Reference	SOP16
Description	SOP, 16-Leads, Body 10.30x7.50mm, Pitch 1.27mm, Thermal Pad 0.00x0.00mm, IPC Medium Density
Height	2.65mm
Dimension	11.9mm x 11.07mm
Number of Pads	16
Number of Primitives	34

图 5.29　元器件封装库信息报表

5.4　实验任务

按照前文设计步骤，设计元器件封装库，元器件包括数码管和三极管，要求：LED 数码管的焊盘尺寸 X/Y 为 1mm/2mm，焊孔为 0.5mm，其他尺寸见图 5.30；三极管的引脚间距为 10mm，焊盘尺寸 X/Y 为 1mm/2mm，焊孔为 0.5mm，如图 5.31 所示。

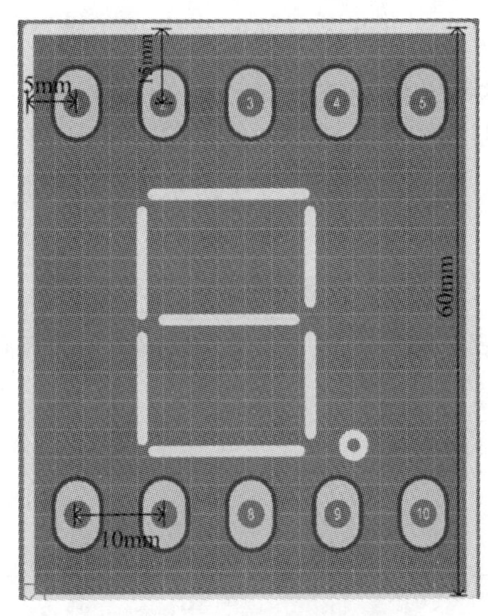

图 5.30　LED 数码管封装

图 5.31　三极管封装

第6章 Chapter 6 综合实训

本章通过基于单片机温湿度检测系统原理图和 PCB 设计实例使学生掌握电子线路板设计的过程和方法。电路原理图包括单片机最小系统、温湿度检测电路、时钟电路、显示和按键电路、Zigbee 无线传输电路及程序下载电路，如图 6.1 所示。原理图库和 PCB 库文件为自制的 MCU1.SchLib 和 MCU1.PcbLib 库，各器件在原理图库和 PCB 库中名称如表 6.1 所示，根据原理图及元器件封装，绘制 PCB 如图 6.2 所示。

表 6.1 元器件封装名称列表

序号	元器件名称	原理图库名称	元器件封装名称
1	R1～R13	RES	1206
2	S1、S2 及 S4～S6	SW－PB	SW_PB_AH1
3	D1～D5	DIODE_1	DIODE(SMD)
4	C2～C4、	CAP	0805
5	C01～C04	CAP	1206
6	Q1(PNP)	PNP	A1011580
7	U1(BELL)	BELL	BUZ
8	J2	CON4	ht11
9	X3	XTAL1	Cry
10	STC1	AT89C52	DIP40
11	X1	XTAL1	XTAL1
12	LC12S	LC12S	LC12
13	C10～C12	CAP	1206
14	J1	CON7	Oled
15	USB1	USB1	mini usb 直插
16	F1	FUSE2	1812
17	E1	ELECTRO1_1	470uf_10v
18	S3	SW SPST	SWITCH_B1
19	CH340	CH340	SOP16
20	BT1	Battery	CR1220

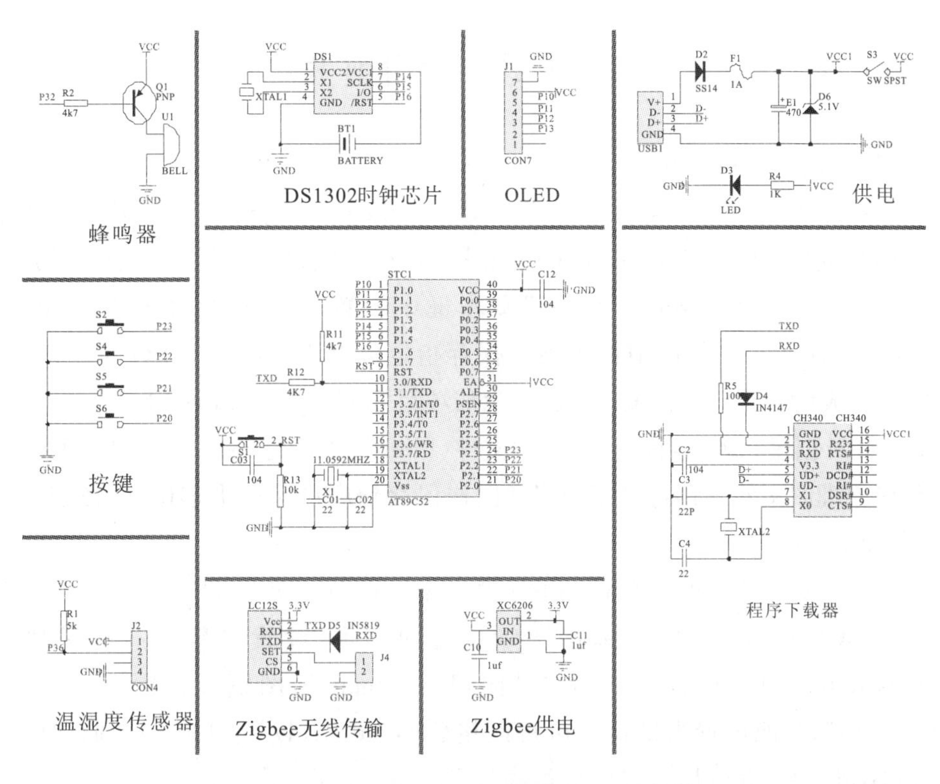

图 6.1　基于单片机温湿度检测系统原理图

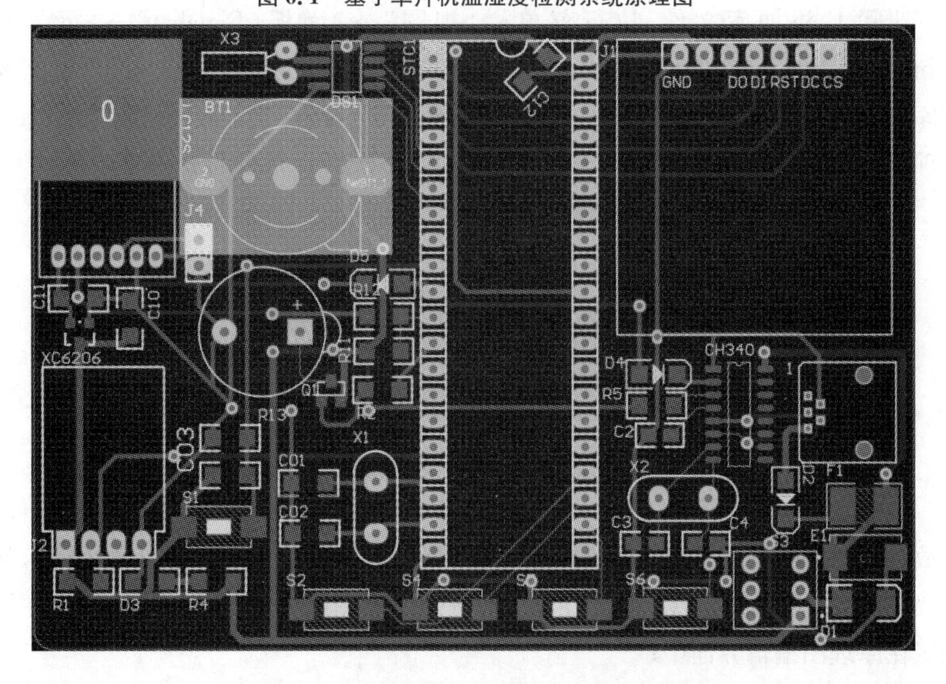

图 6.2　基于单片机温湿度检测系统 PCB 图

6.1 原理图设计过程

原理图设计步骤如下：

步骤1：创建工程：执行菜单栏“文件(File)”→“新的(New)”→“项目(Project)”选项，弹出“新建工程(Create Project)”对话框，选择PCB工程的“<Default>”选项；在“Project Name”文本框中设置项目名称为MCU_demo.PrjPcb；在“Folder”文本框中设置项目保存指定位置为“F:\Ad软件实验内容\PCB6”，完成设置后，点击“确认”按钮，生成项目“MCU_demo.PrjPcb”；

步骤2：创建原理图：执行菜单栏“文件(File)”→“新的(New)”→“原理图”选项，创建原理图文件，命名为“MCU”和同样保存到项目保存指定位置；按照同样方法创建PCB文件；

步骤3：原理图图纸设置：执行菜单栏“设计(Design)”→“文档选项(Document Options)”命令，弹出图纸设置对话框，设置参数为：“标准风格(Standard styles)”为A4，方向为“横向(Landscape)”，图纸标题栏设为“标准(Standard)”，其他设置为默认；“可视网格(Visible Grid)”为100mil，“捕捉网格(Snap Grid)”为100mil；

步骤4：添加库文件：执行菜单栏“视图”→“面板(Panels)”→“元器件(Components)”，点击“元器件(Components)”中库选择文本框右侧“▤”，弹出添加库文件的对话框选项如下图6.3所示，选择“File－based Libraries Preferences”选项，选择指定位置的MCU1.SchLib和MCU1.PcbLib库文件；

图6.3 添加库文件对话框

步骤5：查找元器件并放置：从MCU1.SchLib原理图库文件中查找元器件，并放置到原理图编辑界面，在放置过程设置元器件属性，包括命名和封装等，例如：放置单片机“STC1(AT89C52)”，左键点击原理图库中“AT89C52”，点击左键放置在原理图编辑界面中；

步骤6：添加元器件封装：放置好单片机“STC1(At89c52)”后，点击单片机或在放置过程中点击键盘中“Tab”键，弹出“AT89C52”的属性等对话框，在“Properties”的“Designator”和“Components”后文本框填写“STC1”和

“AT89C52”；在“Parameters”对话框中点击“Add”按钮，弹出对话框，选择“Footprint”，如图 6.4 所示，弹出“Footprint”封装添加界面，如图 6.5 所示；

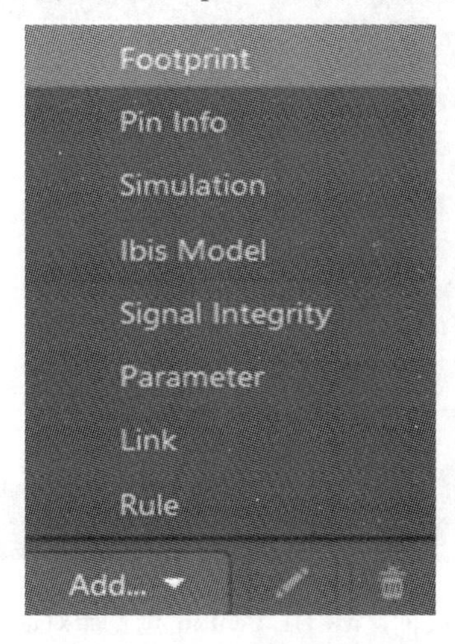

图 6.4　“Add”选择对话框

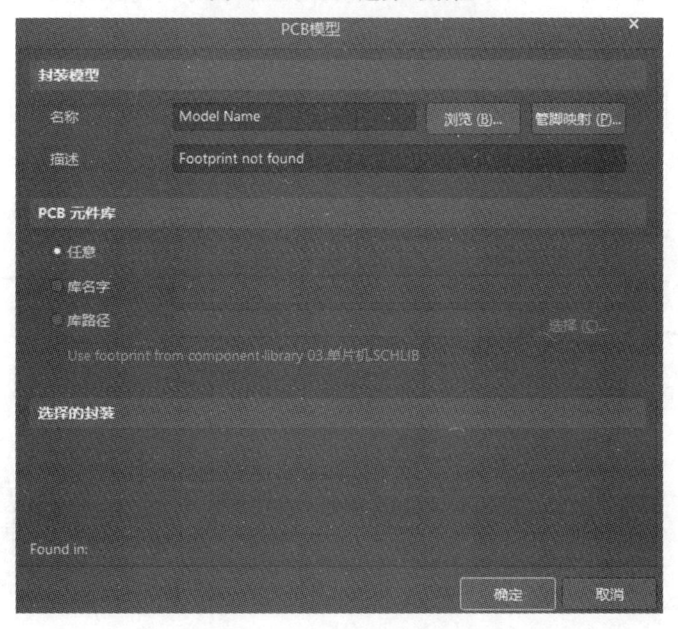

图 6.5　“Add”选择对话框

点击“浏览(B)”弹出“MCU1. PcbLib”浏览库对话框，如图 6.6 所示选择封装“DIP40”，点击“确定”，完成单片机 STC1 封装添加；其他元器件封装按住同样方法添加；

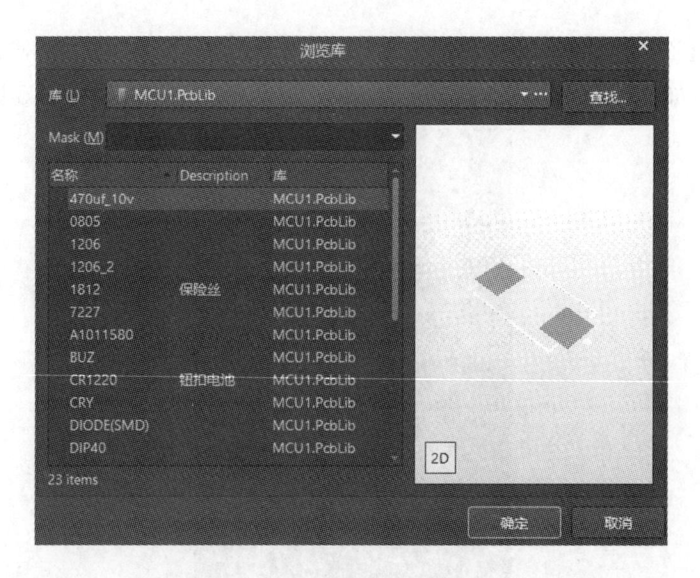

图 6.6 “MCU1. PcbLib”浏览库对话框

步骤 7:元器件布局:从原理图库中选择元器件放置到原理图编辑界面中,命名并调整元器件位置,如图 6.7 所示;

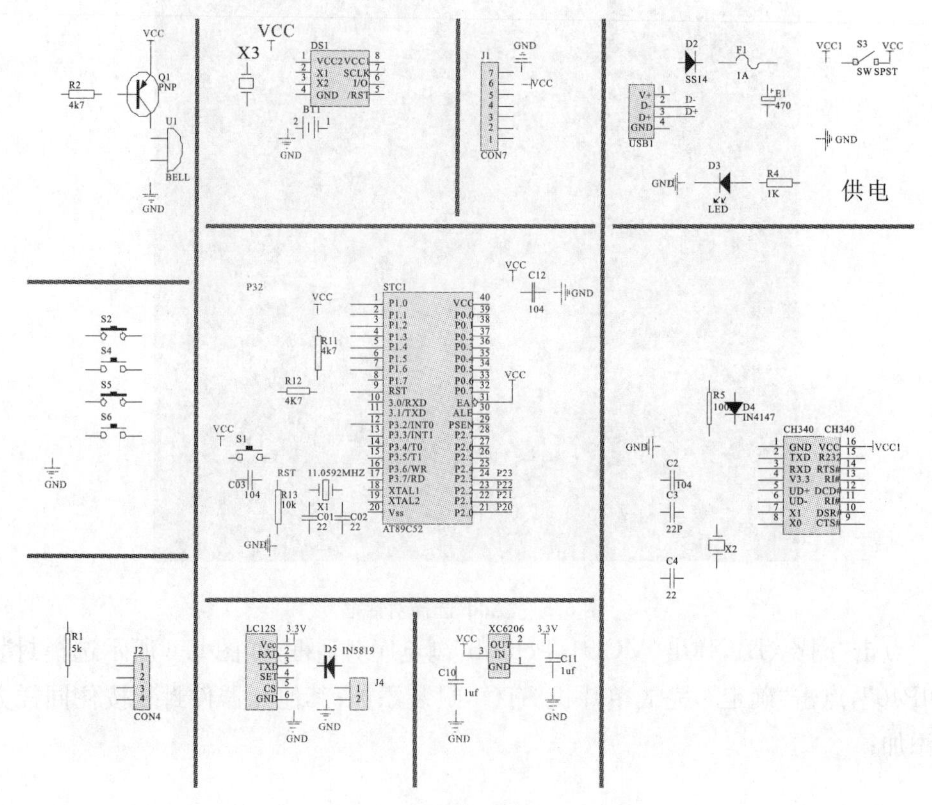

图 6.7 元器件的布局

步骤 8:元器件连线:元器件布局后,执行连接导线,执行菜单栏“放置”→“导线”或右键点击原理图编辑界面弹出快捷菜单,选择“放置”→“导线”连接元器件;

点击工具栏“放置”→“网络标签”，修改网络标签名称；添加文本框，说明原理图的功能，完成原理图绘制。

6.2　PCB 设计过程

步骤 1：设置 PCB 优先选项：执行菜单栏“工具(Tools)”→“优先选项”命令，弹出 PCB 设置对话框，在“PCB Editor”选项中设置“光标类型”、“旋转步进”和“对象捕捉选项”等；

步骤 2：设置 PCB 线路板的电气边界：执行菜单栏“放置(Place)”→“线条(Line)”命令，或“视图”→“工具栏”→“应用工具”命令，或点击右键快捷界面“放置”→“线条(Line)”命令，在 PCB 编辑界面内设置矩形图，长为 90mm(3500mil)、宽为 63mm(2450mil)、导线宽度为 15mil；

步骤 3：生成网络表：打开原理图编辑界面，执行菜单栏“设计”→“文件的网络表”→“Protel”命令生成原理图网络表并保存；

步骤 4：原理图元器件封装导入 PCB：打开原理图编辑界面，执行工具栏“设计”→“Update PCB Document PCB1. PcbDoc”，如图 6.8 所示；

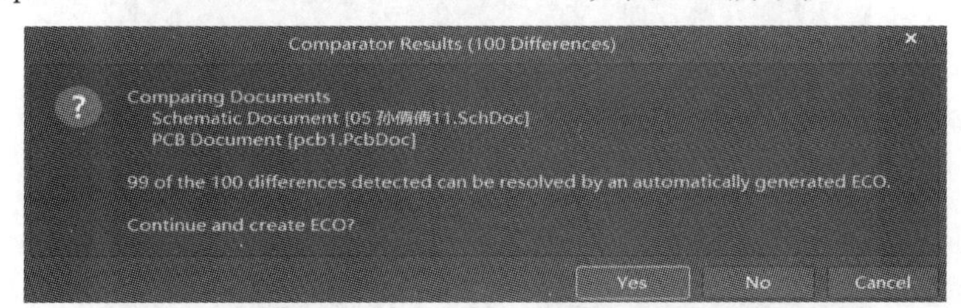

图 6.8　“Comparator Results”更新 PCB 信息表

点击“Yes”按钮，弹出“工程变更指令”对话框如图 6.9 所示，显示将元器件添加到“PCB1”文件中。

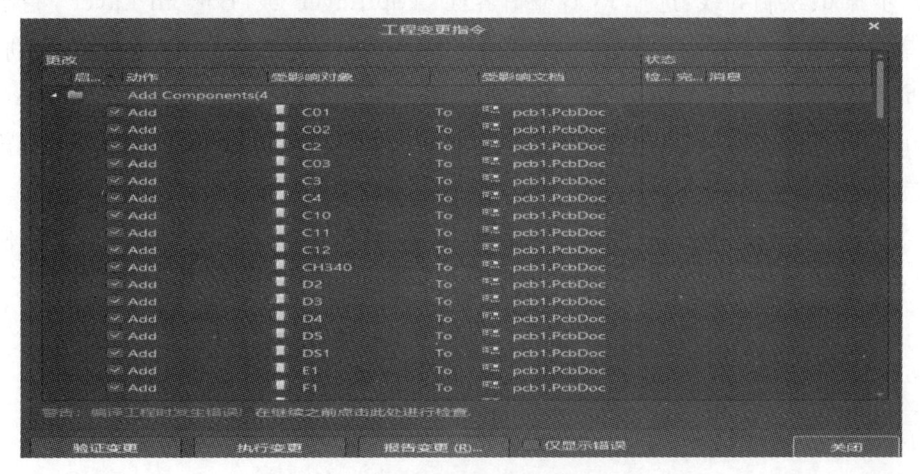

图 6.9　“工程变更指令”信息表

点击“工程变更指令”信息表中“执行变更”，实现原理图元器件封装进入PCB文件中，如图6.10所示。点击“报告变更”，弹出“报告预览”，点击“导出”并保存到指定位置；点击“工程变更指令”信息表中“仅显示错误”，仅显示错误信息。

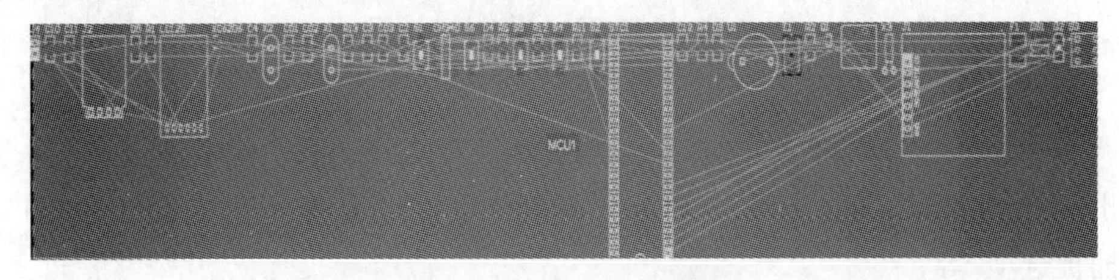

图6.10 原理图元器件信息表

或者在PCB编辑界面中执行工具栏“设计”→“Import Changes From MCU1.Prjpcb”命令，执行上述的步骤，将原理图中元器件封装导入PCB文件中。

步骤5：元器件布局：将Room空间中元器件封装整体拖至PCB编辑界面的线路板框内，应用手动调整所有元器件，布局所有元器件，如图6.11所示；

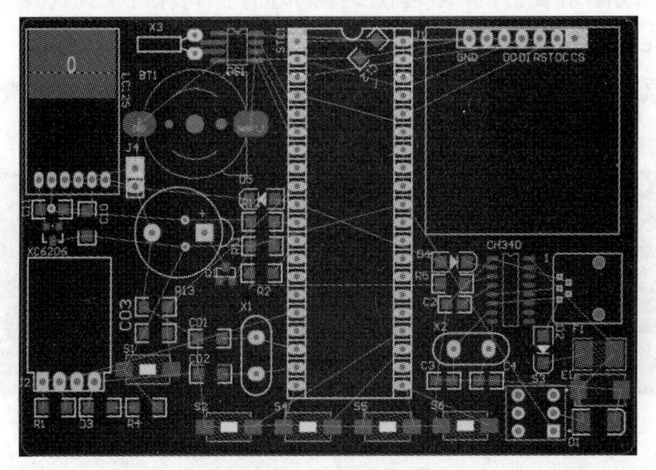

图6.11 元器件布局图

步骤6：绘制导线：选择PCB编辑界面“Top Layer”或“Bottom Layer”；执行菜单栏“设计”→“规则”，设置导线“最小宽度”、“首先宽度”及“最大宽度”分别为“10mil”、“20mil”和“30mil”，以及其他选项设置，设置完后，执行菜单栏“Auto Route（自动布线）”→“All(全局)”命令，系统开始自动布线。执行菜单栏“放置”→“走线”命令或点击工具栏“■”，手动调整不合理的布线；

步骤7：执行菜单栏“工具”→“滴泪”，对焊盘连接处进行处理；执行“工具栏”→“布线”命令，点击“布线”菜单栏中“■”对PCB板进行敷铜，完成PCB设计。

参考文献

[1]CAD/CAM/CAE 技术联盟. Altium Designer 16 电路设计与仿真从入门到精通[M]. 北京:清华大学出版社,2017.

[2]薛楠. Protel DXP2004 原理图与 PCB 设计实用教程[M]. 北京:机械工业出版社,2013.

[3]CAD/CAM/CAE 技术联盟. Altium Designer 16 电路设计与仿真从入门到精通[M]. 北京:清华大学出版社,2017.

[4]毛琼,张玺,闫聪聪. Altium Designer 18 电路设计从入门到精通[M]. 北京:机械工业出版社,2018.

[5]郑振宇,黄勇,刘仁福. Altium Designer 19 电子设计速成实战宝典[M]. 北京:电子工业出版社,2019.

[6]边立健,李敏涛,胡允达. Altium Designer (Protel)原理图与 PCB 设计精讲教程[M]. 北京:清华大学出版社,2017.

[7]张玺,李纮,李申鹏. 电路设计详解 Altium Designer 18[M]. 北京:电子工业出版社,2018.

[8]李瑞,胡仁喜. Altium Designer 18 电路设计标准实例教程[M]. 北京:机械工业出版社,2019.